**HZ Books**

华章图书

一本打开的书，一扇开启的门，
通向科学殿堂的阶梯，托起一流人才的基石。

The Secret of
vivo's 10 million DAU Activity
Middle Platform

# 活动中台

## 揭秘vivo的
## 千万级DAU活动中台

朱明鹏 ◎著

机械工业出版社
China Machine Press

图书在版编目（CIP）数据

活动中台：揭秘 vivo 的千万级 DAU 活动中台 / 朱明鹏著 . -- 北京：机械工业出版社，2022.1
ISBN 978-7-111-69618-6

I. ①活… II. ①朱… III. ①程序设计 IV. ① TP311.1

中国版本图书馆 CIP 数据核字（2021）第 246535 号

# 活动中台：揭秘 vivo 的千万级 DAU 活动中台

| | | | |
|---|---|---|---|
| 出版发行：机械工业出版社（北京市西城区百万庄大街 22 号 邮政编码：100037） | | | |
| 责任编辑：董惠芝 | | 责任校对：殷 虹 | |
| 印 刷：北京市荣盛彩色印刷有限公司 | | 版 次：2022 年 1 月第 1 版第 1 次印刷 | |
| 开 本：186mm×240mm 1/16 | | 印 张：16.5 | |
| 书 号：ISBN 978-7-111-69618-6 | | 定 价：89.00 元 | |

客服电话：（010）88361066 88379833 68326294 投稿热线：（010）88379604
华章网站：www.hzbook.com 读者信箱：hzjsj@hzbook.com

vivo 活动中台能够获得成功，我个人理解有 4 个必不可少的要素。

1）需求是否有共性，即各个业务群是否都需要解决同样的业务难题。如果需求差异过大，一套中台解决方案很难满足所有需求。

2）该中台是否能够解决大部分业务线自己解决起来都比较困难的问题，是否能够应对耗费资源比较大的状况。

3）活动中台团队是否能够以第三方服务的姿态去设计、推荐自己的服务，并做好客户满意度调查。

4）在这个组织中，每个业务单元是否以组织整体利益最大化为原则去选择自己的业务实现方案。

从最终的结果来看，前三点证明了悟空活动中台开发运营团队的优秀，第四点证明了 vivo 企业文化践行的优秀。

徐耀铭

vivo 线上市场领域总经理

# 序  二 *Foreword*

得知悟空活动中台要出书的消息，我感到非常自豪。在"vivo 互联网技术"公众号开放之后，vivo 团队首次向外界展示了自己的技术实力。本书是 vivo 对业界贡献的一点微薄之力，希望能给业界同行一些启发。

如今的悟空中台正在为公司各业务部门的营销活动提供强有力的支撑，获得了各业务部门的一致好评。回顾过去，我想与读者分享 3 个比较深的感悟。

首先，任何中台的诞生并非凭空而来，而是慢慢发展起来的，是一个从小到大的过程。一个系统最开始出现的原因可能是技术团队想要追求更高的效率，然后提取出一些重复问题和业务场景，给出一个通用的解决方案，在验证方案的有效性之后，继续扩大方案的应用范围，最终形成中台系统。这是一个成长和进化的过程，关键是要求技术人员对业务和技术有深刻的理解、敏锐的眼光，最重要的是要有梦想和追求科技创新的精神。

其次，对于广大的工程师队伍来说，他们对技术的追求总是更高，相信技术是解决问题的最佳途径。当产研团队面临较大的业务压力时，不应先考虑压缩需求、增加研发队伍的数量，而是要思考技术手段是否能更有效地帮助团队解决问题。这样的工程师在团队中占比越多，团队就更有可能做出超越常规的创新。

最后，从管理的角度出发，打造工程师文化。在科技企业中，工程师文化意义重大。工程师文化的本质是重视工程师的价值，鼓励工程师用技术的力量来解决商业问题，为用户提供价值。在科技企业中，工程师群体是非常重要的创造性群体，只要有足够的探索空间，他们就能在技术上不断取得突破，从而为用户提供更高的产品价值。

在 vivo 内部，用户导向和设计驱动的核心价值观指导着产品开发的整个过程。所有的产品设计、研发都必须围绕用户需求，深刻认识用户需求本质，精心设计解决方案，通过技术创新为用户提供简单、完美、优雅的解决方案，通过科技创新让用户的生活更美好。

悟空中台是这两大核心价值观体现的完美典范：一方面给用户提供了各种丰富、有趣的活动，另一方面大大降低了内部运营开发团队开展营销活动的难度，提高了工作效率，这应是所有技术人员不懈追求的目标。

张　飞

vivo 互联网内容分发事业部总经理

# 序 三 *Foreword*

    多年前我从事互联网运营工作的时候，为了组织各类线上活动，要花费大量精力来跟进设计开发，因此特别希望有一种工具可以解决设计开发的效率问题，能让产品运营聚焦于目标达成。随着团队的不断尝试，大家开始立项建设"悟空"，以期能够提升互联网运营效率。

    后来，随着 vivo 业务的发展，我们不仅面临手机 APP 的运营场景，还面临着广告投放、线下营销等众多业务场景。在这么多的场景变化下，我们认为不变的目标还是"拉新、促活、留存、转化"，因此团队开始创新性地在不同场景中抽象系统能力，建设中台来支撑业务目标的达成，这也促使了"悟空"的成长和进化。

    本书完整地记录了技术团队如何解决具体的中台建设问题，揭秘"悟空"的诞生过程，希望每位读者都能从中获益。

关岩冰

vivo 互联网产品平台部总经理

## 为什么要写这本书

2018 年，vivo 的互联网营销业务飞速发展，公司内部诞生了许多营销活动支撑系统。经过研究和分析，我们发现大多数活动系统的功能相似度很高，存在重复建设的问题。因此，我们期望可以抽象各业务活动系统的功能，在同一平台上快速满足活动业务需求，从而减少建设和学习成本，提高工作效率。在架构设计阶段，我们发现该平台和中台的概念非常相近，中台也是为了抽象整合可复用的能力，快速响应用户需求而诞生的。架构设计不能生搬硬套流行的概念，而是要在实际业务场景中逐步完善。

随着互联网活动业务的覆盖范围越来越广，活动平台既要快速支撑前台需求，又要保障后台能力稳定且可复用。同时，我们还会经常面临多项活动任务并发的情况，一般我们会挑选更具有价值的需求去响应，例如符合公司战略方向、具备重大商业价值的需求。在这种情况下，新生业务的发展会不可避免地受到影响，甚至错过发展的契机。不同业务的需求会存在优先级和商业价值的区别，但价值相对较低的需求就必须让步吗？

在早期的活动功能架构设计中，我们也预料到了这类问题。为支撑并发需求，解决通用性活动方案无法满足个性化定制的问题，我们引入了用户自主定制的概念，在向业务用户开放 SaaS 可视化零代码平台以搭建活动的同时，向研发工程师开放底层 PaaS 低代码平台，让业务发展不再受制于平台的规范，以加快整体活动的开发进程。该模式符合"抽象整合，敏捷创新"的中台理念，既满足了高价值业务需求的支撑要求，又平衡了其他业务的诉求。

最后，我们慢慢抽象活动共性业务、剥离统一活动数据服务，再结合低代码开发平台，打造了一站式活动运营开发中台，并将它命名为"悟空"。"悟空"承载了我们的愿景，希望在技术领域持续探索，"修炼七十二变"，不断攻克活动运作过程中的"九九八十一难"，最终"取得真经"。

我们不拘泥于一时的成果，不断推陈出新，把前台业务当作大树的枝干，把强大稳定的后台能力当作肥沃的土壤，而中台就是介于枝干和土壤之间挺拔的树干，为繁多的枝丫输送养分。

当活动中台取得阶段性胜利时，我们开始在"vivo 互联网技术"公众号上发表活动中台系列技术文章。栾传龙老师联系到我们，希望我们以书的方式向行业输出体系化的、更加全面且有深度的解决方案。在得到部门的大力支持后，团队开始了本书的写作。本书将讲述微前端如何助力零代码、低代码的活动生产模式，并讲解在实际搭建过程中遇到的问题和解决方案，以帮助读者在最短的时间内了解活动中台的建设思路。

## 读者对象

- ❑ 活动中台产品经理
- ❑ 系统架构师、Web 前端工程师

## 本书特色

本书结合实际的活动中台建设历程，为读者带来整体技术架构思路的介绍和全链路开发技术的解析。H5 网页是活动中台的第一交付件，其依赖的 Web 前端技术也自然成为主导活动中台建设的重要技术。我们希望从前端技术的角度给读者带来不一样的中台架构搭建理念，帮助读者在互联网营销活动的支撑方面找到新的方法，帮助企业在解决共性能力搭建的基础上，找到可以支撑定制化能力的架构设计思路。

## 如何阅读本书

本书分为三部分，共 7 章。

第一部分（第 1 ～ 3 章）为活动中台的前世今生，介绍目前行业内的活动开发现状，帮助读者了解技术背后的业务问题，讲解如何不局限于中台的概念并结合实际困境，构想出开创性的活动方案，为读者展示最终的产品形态和业务架构。

第二部分（第 4 ～ 5 章）为活动中台架构设计，从微前端技术切入，讲述如何搭建中台级前端架构，同时以实操的形式讲解技术架构如何落地。如果你是一名经验丰富的研发人员，希望了解微前端架构设计技巧以及 H5 优化的相关技巧，可以直接阅读这部分内容。

第三部分（第 6 ～ 7 章）为活动中台技术探索，在 Web 端的创新道路中，活动中台在

Node.js 技术和智能活动探索方面同样也有突破。这部分将向读者介绍服务端技术和低代码场景下中台团队的思考与实践。

## 勘误和支持

除封面署名外，参加本书编写、审阅工作的还有葛伟、胡锋、冯伟、符升升、万安文、吕成睿。由于水平有限，编写时间仓促，书中难免会出现一些错误或者不准确的地方，恳请读者批评指正。读者可以将书中的错误以邮件的形式发送至 wukong@vivo.com。如果你遇到任何问题，也可以邮件联系我，我将尽量为读者提供最满意的解答，期待能够得到你们的真挚反馈。

## 致谢

首先感谢维沃软件技术有限公司。我们创新性中台方案的成功应用，得到了所有部门的信任和认可，是全体运营、产品、研发、测试、运维、数据、设计同事通力合作的结果。庆幸在我最好的年华，遇见了优秀的你们。

感谢机械工业出版社华章公司的编辑杨福川、栾传龙老师，以及负责 vivo 互联网技术运营的同事张紫娟在这一年多的时间中始终支持我写作。是你们的鼓励与信任帮助我顺利完成了全部书稿。

感谢在活动中台建设过程中，一起畅谈技术并给予全力支持的杨昆、黄文佳、王豪、王振拯、于路、黄云杰、孙茂斌、吴健、罗然、赵杰、孔祥军、陈星星、苏宁、刘洋等前端伙伴们。因为你们的信任，我们才会一起看见。

谨以此书献给一起奋斗的同事和朋友们——徐耀铭、张飞、关岩冰、孙权、陈纲、皮伟、施杨涛、郭超、刘冬、康佳奇、康雄、杨洋、刘荣青、张瑞、刘梁、高源，以及名单之外的更多朋友。没有你们的支持和辛苦付出，不会有活动中台及本书的诞生。

# 目　录 *Contents*

第一部分 *Part 1*

# 活动中台的前世今生

本部分将为读者介绍 vivo 在 H5 落地页制作过程中所经历的不同阶段，暴露出的问题，以及如何创造性地结合中台方法，制定出最佳的活动中台方案。

第 1 章 *Chapter 1*

# 传统活动开发遇到的困境

在软件开发的概念中，H5 是 HTML5 的简称，也就是第五代超文本标记语言。但是从非编程的概念上来说，H5 是指使用 HTML5 制作的网页。在当今的互联网时代，我们浏览的网页、使用的微信，乃至手机上的各种 App，大多数都有内嵌使用 H5 的场景。

在线营销活动通常以 H5 网页为载体，与 App、小程序相比，H5 具有跨平台的优势，可以在具备浏览器的环境快速访问。同时，它的开发周期比较短，维护成本低，能够快速迭代，满足不同的营销需求。

H5 可以是市场策划口中的品牌文案，可以是设计师眼中的平面 UI 界面，同样也可以是营销人员投放的线上活动。我们可以从表现形式、垂直行业、应用场景三个维度对 H5 的实际活动应用进行分类：

- ❑ 按表现形式分类，可分为答题、评分、海报合成、游戏、数据表、横屏 H5、长页等；
- ❑ 按垂直行业分类，可分为电商、旅游、汽车、金融、娱乐、教育等；
- ❑ 按应用场景分类，可分为活动营销、邀请函、招聘、品牌推广、产品宣传、婚庆、节日主题、年会等。

H5 活动的研发模式也在不断地更新，由代码开发逐渐发展到平台化的系统支持，垂直业务的活动支撑架构也逐步形成。本章将分析传统企业活动开发模式所遇到的问题，并提出创意性的解决方案，来提高活动研发的效率和资源复用率。

## 1.1　活动开发的 3 种模式

随着 vivo 互联网业务的蓬勃发展，应用商店、官网商城、游戏中心、浏览器等手机核心业务产品相继进入存量用户运营时代。开展线上营销活动是互联网企业最常用的营销手段，它承载着拉新、促活、留存、转化的四大重任。

众所周知，法定节假日或行业内的大促日都是非常好的活动营销时机，目前每年仅常规的促销类型节日就已超过 10 个，每个节日活动的平均上线周期至少要 1 个月。由于每个业务部门的目标和操作方法各不相同，如果每个活动都独立开发，投入的人力成本将呈指数级增长。因此，如何提升活动开发、运营的效率，成为我们首要解决的问题。

首先，我们对公司中每条业务线的活动开发模式进行分类，希望从底层发现可优化的方向，更好地为业务开发提供支持。分类后发现，不同规模的业务团队的活动开发模式各不相同，可以归纳为纯代码开发、活动后台开发、活动平台开发 3 种。

### 1. 纯代码开发

纯代码开发是最传统的解决方案。前端和服务端开发者根据策划和效果图进行功能开发和 UI 还原，通过测试后线上投放，如图 1-1 所示。

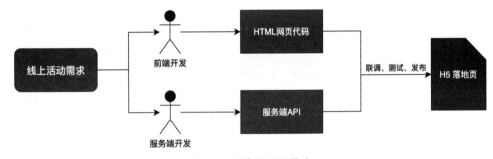

图 1-1  纯代码开发模式

（1）优点

该模式的优点是可以快速支持活动的需求，且具有很大的研发空间，可以高效地实现活动效果。

（2）缺点

该模式的缺点是活动上线后，一旦产生内容变更的需求，就需要重新开发、测试和上线。如果发生线上问题，则响应时间太长，导致业务产生相对较大的损失。新成立的业务团队或过于个性化的活动会优先使用此方法进行活动支持。

### 2. 活动后台开发

活动后台开发模式对纯代码开发模式进行了优化。产品和运营人员提前确定需求，并可以在线实时对需求进行修改，例如奖励设置、内容设置、策略阈值配置等。研发人员针对固化的配置需求，先完成后台开发的配置工作，再进行最后的活动效果开发。活动上线后，页面会通过服务 API 动态读取运营配置的活动策略，实时展示活动内容和游戏玩法，如图 1-2 所示。该模式简化了配置，满足了线上实时变更的需求。

（1）优点

该模式的优点在于通过分离运营的配置需求与活动需求，可以实现线上运营策略的实时变更，尤其是对于常规活动，只要将其固化为通用的活动配置后台，就可以大大提高开发效率。

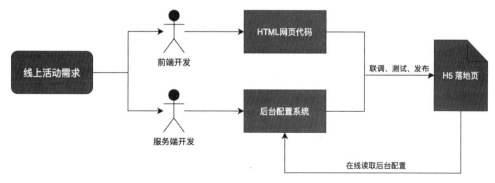

图 1-2　活动后台开发模式

（2）缺点

该模式的缺点显而易见，如果针对非周期性的活动进行策略抽象，则开发活动的成本将增加，投入产出率会降低，因此这种模式是很多活动团队过渡期间采用的一种支撑方案。

### 3. 活动平台开发

随着业务的不断发展，公司沉淀了大量的活动玩法和营销方案。为了提升开发和运营效率，各业务团队开始提炼通用的模板和活动配置，从而产生了不同的活动管理后台。将各团队的活动模板、活动组件（H5 页面功能单元）等相关素材进行整合，就构成了活动平台开发模式，如图 1-3 所示。

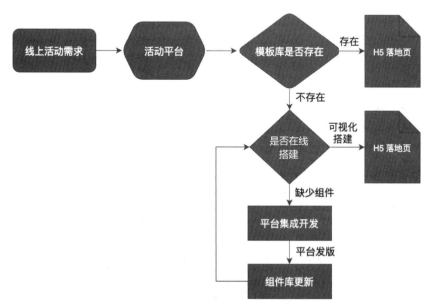

图 1-3　活动平台开发模式

（1）优点

该模式的优点是可以快速生成预置的通用型 H5 页面。将常用的活动模板、H5 组件内置于活动平台，用户就可以在平台中挑选符合需求的模板，快速完成创建。

（2）缺点

该模式的缺点是当接收到全新活动玩法时，活动平台需要进行专项开发，再将功能集成到平台中，且平台升级后，才能支持该活动上线运营。如果平台集成了复用性较低的活动模板，会导致平台的投入产出比偏低。

在这种模式下，如果平台的活动规划始终领先于业务，那么从理论上讲，它可以完全支持运营的活动。否则，平台需要等待业务反馈需求，再进行开发和集成发版，时间往往是不充裕的。

在真实的企业环境中，业务始终会领先于平台规划，换句话说，是活动的需求推动着活动平台向前发展。而活动平台的人力投入有限，通常只能支撑高价值的活动，其他活动则只能靠后。这种活动平台开发模式也是大多数活动开发的终点，当平台无法满足业务需求时，企业通常会选择前两种模式进行弥补。

在上述三种活动开发模式中，后两种模式本质上都是纯代码开发模式的扩展和简化。为了实现提高效率、降低成本和确保质量的目标，在纯代码开发模式的基础上不断进行更新和迭代，是活动业务飞速发展下的必经过程。

随着企业发展和业务扩张，业务部门通常会根据自身的业务特征去创建活动平台。有资源的团队将继续优化和发展自己的活动模式，并逐渐成熟，但是对于仍处于增长阶段或资源不足的业务团队，就无法在活动平台上投入足够多。毕竟，在业务初期建立成熟的活动平台显然不是最重要、最紧迫的任务。

由于不同业务团队的业务范围和目标存在差异，因此在成熟业务中诞生的活动平台无法直接将能力赋予其他业务团队进行复用。最终，新业务望洋兴叹，被迫选择纯代码开发或活动后台开发模式去支撑活动开发和运营。随着时间的流逝，企业内能力相似、服务场景不同的活动平台如雨后春笋般涌现，这显然不是我们想要的结果。

水桶能装多少水取决于它最短的那块木板，如何快速拉齐企业整体活动运营能力，同时覆盖活动平台无法解决的场景，是传统活动运营模式遭遇的困境。

## 1.2　如何抽象整合活动平台

在梳理完不同的活动开发模式后，我们需要分析这些模式的相似性功能，并将这些功能抽象，促使不同规模的业务团队入驻同一平台开展活动，避免企业出现"烟囱式"的活动业务架构，导致各系统不能共享资源，形成资源孤岛和信息孤岛。

首先让我们分析一下 H5 活动的实际形态和最佳线上运营方式。

这些活动开发模式具备哪些共同的特性？在功能架构上，它们都具备各自的素材中心、物料中心，用于管理活动用到的媒体素材和奖品；在活动投放的链路上，也需要完善的数据监控、安全的风控系统、科学的实验系统等。分析后我们发现，最无法抽象的反而是活动的营销方案和活动组件。举例来说，同样是大转盘抽奖，有的是消耗积分获取抽奖机会，有的却是通过分享来获得抽奖机会。虽然方案和交互都类似，但是如果想用一个大转盘方案来适应所有业务需求，显然不切实际。

因此，我们期望通过一个活动平台，为所有业务团队提供统一的活动解决方案，承接企业内所有的活动需求。这听起来像是一种幻想，但通常成功的事情都是从一个不可能的假设中诞生的。

那么，我们能否构建一个"包罗万象"的活动大平台，适应所有公司活动需求，且所有配套能力都非常完善的综合活动平台？暂且不讨论该设想的可行性，假设我们已经完成了这个平台的建设，并投入使用，那么这个平台是否真的能满足所有活动需求呢？

在公司高速发展的阶段，业务数量呈指数级上升，业务需求将始终领先于平台的规划。当平台的能力不能满足业务开发需求时，就需要通过功能迭代来提供支持。

不同业务团队的活动需求有着不同的时限和紧急程度，多个活动需求并发是不可避免的，此时平台只能选择更具价值的需求进行优先支持。此外，这种支持模式在人力方面也有弊端，每当临近活动日时，平台将面临巨大的迭代压力，此时团队成员通常在执行高强度的工作，而业务团队的人力却不能得到充分利用。

很明显，这样的平台并不是最好的解决方案，它只是各业务团队妥协的结果，对业务发展并没有实际帮助，反而阻碍了业务增长。如果问题的严重性超过了业务的承受能力，团队就会毫不犹豫地抛弃平台，重新建立新的平台，以获得更大的自由来实现自身的业务目标。大型平台最终会成为关键业务方的服务工具，对其他业务方的帮助将十分有限。

既然自建小平台和统一建大平台都不是最好的办法，该怎么走出这种困境？

vivo 的活动团队再一次大胆地设想，提出建立活动中台的方案。活动组件、模板不再由活动中台提供，而是将开发组件、素材、模板的能力赋予第三方业务团队，各团队可以在中台上实时开发定制，同时不同团队开发的交付件可以自由地在中台中流转，方便其他团队复用。这样的活动支持模式，不仅帮助我们解决了业务需求井喷的问题，还能将优秀的活动实践贡献给整个公司的活动体系复用。它也可以让新业务享受中台带来的红利，即新业务只需要关注活动效果，减少重复试验的成本，实现创新产品的孵化。

至此，我们很好地实现了"抽象整合"的目标，同时兼顾了不同业务团队对活动效果的追求。至于具体如何构建这样一个活动中台，且看本书后续讲解。

*Chapter 2* 第 2 章

# 活动开发模式创新

在第 1 章, 我们分析了各团队的基本开发模式, 发现现有的活动开发模式已经不再适应互联网营销业务的开展, "烟囱式"的活动体系只能为企业带来资源无法再利用、创造力无法沉淀等问题, 我们决定对活动平台进行改革。

## 2.1 "将平台交出去"的创新设计

通过上述的平台假设, 我们发现将模板、组件、素材等开发能力交给业务团队, 可以走出现有活动开发模式陷入的困境, 达到快速拉齐企业整体活动开发能力的目的。接下来我们将详细说明如何设计具备这种能力的活动平台。

### 1. 聚焦底层

第 1 章介绍的 3 种活动开发模式, 都需要经历需求策划、开发、运营上线等环节, 这些环节都会用到最基础的平台能力, 包括可视化搭建、模板与组件、素材管理、权限管理、统一登录、活动生命周期管理等。我们可以将这些底层能力统一、合并、收拢, 让业务只关注活动本身的效果, 让活动轻装上阵。当我们设计的活动平台可以实现上述功能时, 它就可以轻松满足绝大多数的活动需求。

通过聚焦底层打造的活动平台同时也具备了通用配套的能力。例如, 当我们需要找到一种有效提高活动页面转化率的方法时, A/B 测试实验是必不可少的解决方案, 我们可以通过该平台直接集成公司现有的实验能力, 让上层业务活动直接享受实验的能力。类似的能力还包括活动数据反垃圾、线上活动加载性能跟踪、BI 数据统计分析等, 我们都可以基于平台去收集这些通用能力, 再将其转化为统一的平台能力来为用户端赋能。这也是中台架构的关键特征。

### 2. 系统解耦

在之前的设想中,第三方业务可以自由入驻平台,并且平台支持第三方业务的定制化开发。业务方与平台直接相交的部分是活动组件与活动任务。活动组件主要负责呈现活动效果,并与用户进行完整的交互;活动任务是负责调整活动的配置信息和营销策略。活动组件和活动任务在后文中统称为活动制品,活动制品是中台产生大量定制化需求的真正来源。

传统活动平台的形式是将活动产品的代码直接集成到平台代码中,然后根据各种上游业务的需求来定制开发。这些活动制品的开发停留于完整的平台代码中,完成开发后升级整个平台,再将制品功能提供给用户去使用。从活动需求的生命周期来看,上线的活动强依赖于平台;从编码的角度来看,活动产品代码也与平台代码紧密耦合。当活动制品的需求发生变更,活动平台需要整体发版升级,需要投入大量的开发和测试人力。

系统解耦的概念是将活动产品代码与平台系统代码分开,但是制品使用场景将返回到平台本身,这意味着活动制品可以在线集成到平台中以供用户直接使用且互不影响。

第三方如何根据自身需求完成功能定制?难道开放平台代码给业务研发团队维护?或者线下开发需求,再将功能合入主线软件版本吗?这样肯定是行不通的。先不论庞大的底层的系统需要大量人力去了解掌握,仅仅是一个制品功能,不同的业务方都会有不同的想法和诉求。在极端情况下,接入的业务方越多,发版上线就越加频繁,业务方会互相影响。

平台需要具备功能级别的解耦能力,不仅可以实现功能解耦,还可以被业务方离线二次定制开发。活动开发完成后,可以热集成至平台且无须再次发布。该扩展开发行为对平台是无损的,业务方不仅可以复用平台搭建,而且大大缩短了定制化活动上线的周期,提高了二次复用的效率。这种架构相当于在一棵参天大树上生长出的一个分支,可以在主干的基础上向着自己的方向发展,同时还可以源源不断地从大树主干中汲取营养。后续章节将会详细地对这种架构实现进行阐述。

### 3. 共享创意

随着各业务产生的个性化制品日益增多,平台会积累大量优秀的活动制品。如果这些制品仅服务于创建的业务方,那这无疑是一种对优质活动制品的浪费。我们需要在平台上设计一个类似市场的系统,以便让每个业务的创造力在平台上流动,更好地为平台用户提供服务。当平台发展成熟后,开发人员在面对营销活动需求时,不再像过去一样第一时间进行个性化开发,而是会优先在海量创意产品中,选择符合活动定位的活动插件进行组装上线,快速响应互联网用户的需求。

为了让入驻的业务在平台里互不打扰,我们需要对业务进行虚拟隔离,在平台上设计了个人空间和共享空间。默认情况下,业务属于私有空间。私有空间具备所有通用功能,所有业务自有的个性化互动玩法、活动制品、素材、权限等与其他业务隔离,互不干扰;在共享空间中,与活动相关的模板、玩法、素材、制品都可以进行二次分享。用户可以在公共市场中，浏览其他业务方共享的优秀玩法和素材，并将其引用到本地进行二次开发或直接复用。

我们设计的平台不仅是活动创建发布平台，还是创意交流的平台，让创意碰撞，释放更多的想象力。总体而言，这三个能力是相对独立的，但同时也是可以互相促进增长的，它们共同实现了上层入驻业务、中层共享服务、底层夯实系统的功能。

到目前为止，我们已经对平台的功能进行了充分的研究和设计，明确了平台的功能要求。打造一款可共享也能定制的活动平台，迫在眉睫。

## 2.2 让研发人员也成为平台的用户

活动运营、产品经理是活动中台的主要用户，他们根据活动需求，在线可视化设计生成最终的 H5 页面。H5 页面的核心组成部分是由各研发团队提交的活动制品，所以业务团队的研发成员也是平台的主要拥护。

为研发用户设计一款开箱即用的在线开发平台，是突破常规活动支撑模式的核心要点。我们带来了一站式的开发体验，提升开发效率，缩短平台活动制品的生产时间，更好地去支撑线上营销活动的开展。

回归最原始的开发诉求，该平台本质是在基础架构上重新架设了一款代码生成器，建立平台与第三方业务的开发桥梁。提升活动开发者的开发体验，主要是围绕质量、效率进行的一系列功能和流程优化。我们从开发环境、开发管理两个维度出发，武装我们的代码工具，帮助开发者快速交付活动。

### 1. 开发环境

如果系统提供的基本组件和任务不能满足业务方的需求，则业务端开发人员应根据自己的业务场景开发相应的活动产品。这些产品可能仅在业务场景中有所不同，但是基本功能是相同的。接下来，我们将从工具库、内置组件、代码开发助手、开发人员文档这 4 个角度来讨论开发环境的可支持性。

（1）工具库

活动投放场景多种多样，交互触发的方式也会各不相同。例如同样的唤醒客户端分享能力的方法，A 场景的方法为 showShare，B 场景的方法可能就会变换为 goShare。为了适应不同的终端环境，我们需要封装能力统一、支持按需加载的工具类库。其中包含了强业务性的能力封装，如环境判断、用户信息获取、不同环境的分享或下载能力唤起等。

在此基础上，我们还需要提供常用的研发级的能力封装，例如 Cookie 操作、Fetch 能力、Stat 统一埋点操作等工具方法，帮助开发者进一步将精力聚焦于业务开发，提升活动组件开发的效率。同时，我们可以将该工具类库在公司内部开源，持续跟进最新、最优的解决方案。

（2）内置组件

内置组件是由活动平台官方的开发团队提供的快速场景获取的组件，它经常作用于活动的配置面板，例如媒体选择器、富文本、弹框、通用表单等。封装常见研发的场景，节省业务团队开发配置面板的成本。内置组件另一大优势是，可以直接调用平台的系统能力，如上传素材、获取系统数据等能力，让平台的能力更直接地服务于业务团队。

（3）代码开发助手

为了统一开发环境，不改变开发习惯，提供高效的开发工具，我们开发了一个基于VSCode 的代码开发辅助插件。它集成了初始产品代码、远程代码托管、插件私服托管、开发素材存储等功能，从初始化代码生成、本地开发环境调试预览到代码自动托管，提供一站式的开发体验，帮助研发人员实现快速交付。同时，该插件集成了本地开发工作台，支持跨设备配置同步、本地存储组件组合关系等功能，开发者所见即所得。

（4）开发人员文档

同时我们需要提供完善的手册说明。建立了在线开发者手册，可以帮助开发者快速上手，降低入门成本。对于理解开发环境所具备的能力来说，文档只起辅助作用，我们还需要通过将指导渗透到各个关键功能项中，因此，完善的功能提示也是提高易用性的关键。

**2. 开发管理**

上述的开发环境的能力支撑都是从线下的维度进行的，而线上维度的管理，则需要提供活动在线开放平台去完成研发产物的管理、活动制品的流程闭环、通用能力沉淀、横向交流渠道等功能。通过在线开发平台，可以改善活动的生态，快速提高组织活动的开发效率。因此，最基本的物料素材管理、权限管理、组件管理、开发社区都是必不可少的。

（1）物料素材管理

在开发活动的过程中，我们需要托管字体、图像、音频、视频和数据文件。传统开发过程中素材物料需要在活动完成后进行统一的上线，而开发素材往往缺少线上的管理和托管，通过统一的文件服务，我们可以帮助研发人员快速完成物料的存储。

（2）权限管理

独立完成活动或者组件开发的场景毕竟属于少数，活动的开发一般少不了多个开发者的通力协作。当活动需要多个研发人员进行协作时，就需要一套权限逻辑维护活动与开发者的关系，方便开发者配置权限。同时，该权限逻辑会关联至 VSCode 开发工具，从而实现线上、线下权限一致。借助权限管理，所有业务发展都变得更易于管理，问题也更容易定位和跟踪。

（3）组件管理

组件管理不仅停留在上述的权限管理，我们对组件还要进行更加细粒度的控制，例如增加了组件状态、组件版本、组件预览、组件 API 等一系列围绕组件使用的功能：

❑ 组件的状态分为上架、下架、已删除，方便研发将开发完善的组件交付给产品运营；

❑ 组件版本是为了解决组件升级、回滚等场景出现，有了版本切换的功能，可以更加方便地应对线上诉求，避免突发情况发生；

❑ 组件预览是为开发者提供了一套内容容器，让组件可以脱离活动直接在前台被预览，方便研发人员快速了解历史组件；

❑ 组件 API 结合了组件使用手册和组件能力暴露的双重作用，通过提供场景化富文本形式的输入机制，帮助使用组件的用户快速理解组件的功能。

（4）开发社区

我们在活动开发过程会遇到各式各样的开发问题，这些问题或多或少可以通过开发自治去解决，但是如果没有一套规范的开发社区，来自开发者技术相关的探讨不能有效落地，也没有人牵头对接解决，就会急剧地降低开发者体验，影响开发效率。因此，我们需要搭建一个开发者社区，方便开发用户交流、表达诉求。

至此，我们完成了活动中台对研发的全方位的生态支撑，通过我们的预研和实践，同时满足了开箱即用的活动搭建和在线定制的活动开发的能力，双管齐下才是真正的活动支撑方案的制胜利器。

## 2.3　原来这就是活动中台

近些年，"中台"的概念风头无俩，各大企业争相追逐，前有国外著名游戏公司 Supercell 的经典实践，后有阿里巴巴共享事业部中台战略下的聚划算诞生。这一切仿佛在向行业宣告中台的好处，让行业认为只有通过建设中台才能取得更大的成功。一些企业甚至将产品后台直接更名为中台，并对外宣称中台化成功。中台不是任何一家企业独有的概念，偶尔的成功或失败并不能说明中台的优劣。当中台的潮水退去后，留在岸上的是珍珠还是空壳？

因发展需要，大多数公司会将业务职责进行分解，成立不同的业务事业部。各业务单元通过自建前后台系统完成业务需求，每个项目系统都像一个孤立的烟囱，导致系统重复建设、资源不能共享、相同经验无法沉淀、数据孤岛等问题愈发严重。通过研究行业成功案例，我们发现中台架构的核心——功能复用，可以用于抽象和整合系统功能，以解决企业"烟囱式"系统的难题。

功能复用的另一个红利是可以帮助前端业务完成敏捷创新。互联网时代，前台要快速响应用户的需求，而后台要更多关注系统的稳定性和可靠性，因此二者在响应需求时会出现"速度差"。此时中台作为业务服务的提供方，既可将上层通用业务需求进行抽象沉淀，又可将后台能力进行分类收口，起到了类似"差速器"的作用。中台允许前台业务快速从已有服务矩阵中被孵化，同时能够带来更高的稳定性。例如字节跳动搭建的直播中台，就是将技术和团队进行抽象整合再复用，支撑了字节系的所有直播业务。

那么，企业如何判断自己是否适合搭建中台架构呢？我们可以通过三个自检问题进行分析。

❑ 目前业务系统间是否存在协同完成任务的情况?

若业务的独立性强,无法找到可以作为入口的共性功能,没有功能服务抽象的余地,就不太适合搭建中台。

❑ 目前业务是否处于成熟期,已有完整的闭环业务系统流转模式?

若目前处于成长期,过早地搭建中台系统会导致抽象返工,反而会影响实际业务发展。

❑ 中台建设需要的资源是前后端建设的好几倍,这样的资源投入企业是否能够给予足够的支持?

中台的成功不是短期就能见到成效的,需要前后台业务接受变革,并且要不断与中台相互打磨,这个过程需要大量资源去支撑。

那么,中台是否必须在各个系统都成熟稳定的前提下才能开始实施建设呢?答案也不是肯定的。如果团队已经有过类似的业务经验,对企业自身业务有深刻的认知,并能很好地协调中台与各业务之前的关系,可以尝试从零开始建设中台。综上,我们可以明确,建设中台的前提在于企业内成熟业务存在大量协同效应,在此情况下,中台能够很好地提升业务抽象能力,从成熟共性切入作为突破口。中台协同的业务越多,其抽象和复用能力就越强,能够为前台业务提供越多的价值。

中台的建设,也需要从企业架构角度自上而下去地切入,在政策上给予支持,真正实现数据互通、业务协同、承上启下。当然,由于每个企业的业务类型和组织结构有着天壤之别,并没有中台建设的"万金油",企业应该慎重考量,制定出最适合的中台方案。如果"为了中台化而做中台",生搬硬套,后果将会让企业痛苦不堪。

如果我们确定企业里有共性的业务可以抽象整合,并需要赋能更多的业务,但目前各系统处于成熟稳定状态,此时我们该采用什么样的措施去实施建设呢?接下来我将为大家介绍vivo营销活动中台化的建设历程。

2017年是vivo互联网快速起步的一年,大量的营销活动逐渐上线。到2018年下半年,企业内部各业务线都开发出了符合自身业务特性的活动系统,用来支撑线上营销活动的开展。这些营销活动中,小到优惠券的领取,大到节日活动的运营,大部分都可以抽取其中的共性。

在这一时期,虽然各种业务活动模式趋于稳定,但大量的相似活动非常消耗资源,例如很多共性的系统能力建设,如监控、实验、反垃圾等。2018年年底,vivo成立了互联网产品平台事业部,使命是更好地调度共用资源,实现内部创新孵化和业务支撑,这恰好符合中台"抽象整合达到敏捷创新"的目标。针对上述的问题,最终部门内部决定打造一款活动中台产品来赋能所有业务线的活动开展。那么,如何将原有的支持模式过渡到中台模式呢?

业界普遍采用三种方式建设中台:固旧立新、平滑迁移、破而后立。

❑ 固旧立新,简而言之就是保留原始系统,以新系统为试点,逐渐将旧系统迁移和转换到新系统上。

- ❑ 平滑迁移，是维持现有系统的正常运行，在中台层面逐步沉淀共享服务中心，把前端应用的后台调用关系逐步迁移至中台中，这种升级方式对前端系统和用户无感知。
- ❑ 破而后立与前两者差别较大，要颠覆原始系统，利用中台架构全部重新构建。重新构建后的系统会为业务的各方面都带来非常大的提升，这也是重组带来的价值和效果。

由于我们采用了全新的分离式活动开发方式，打造线上线下一体的活动生态场景，所以最终决定基于单点业务进行试点，采用破而后立模式进行构建，开始开发可以支撑所有活动业务的活动中台。

第 3 章  *Chapter 3*

# 活动中台业务设计

业界拥有许多出色的 H5 活动设计方法论，并且对成功的 H5 活动进行了精炼的总结，例如活动主题的切入、一流的设计和开发、严谨的活动规则和令人上瘾的社交传播方式等，设计一个能同时达成这些关键要素的 H5 活动的难度已经不亚于设计一个完整的互联网产品。本章将从在线搭建活动 H5 落地页的角度出发，讲述可视化搭建和活动中台背后的业务设计。

## 3.1　中台功能架构设计

与传统的 H5 网页搭建系统相比，活动中台不仅需要完成网页制作，还需要考虑如何设计一套功能架构，让更多垂直业务类型的用户可以在中台上实现业务自治。本节将阐述众多 vivo 互联网营销业务面临的效率问题，以及如何通过中台的功能来解决这个问题。

### 3.1.1　问题背景

在 vivo 营销业务发展的早期阶段，复杂度稍高的 H5 活动的规范流程包括策划、设计、开发、测试、上线等，周期至少需要一个月，因此人力紧缺和需求需要进行优先级比较的问题逐渐成为营销业务的常态，原先的工作流程已不能满足井喷式且多样化的产品需求。问题的核心聚焦于复用性差、效率低、数据安全难以把控，导致项目开发和活动运营困难重重。

（1）复用性差

复用性差表现在不同业务团队产出的活动物料和研发方案的复用门槛过高，例如，成熟的 H5 活动只能在各业务团队之间离线共享，各团队再根据业务需求进行定制修改，研发过程中遇到的场景问题缺少标准的解决方案作为参考。

（2）效率低

效率低的主要原因集中在开发模式的灵活性不高，当线下运营策略发生变更时，调整应用至用户侧的时间跨度过长，直接导致线上营销效果不佳。此外，即使是复杂度低的业务 H5 也需要经过完整的发布审核流程，过重的流程造成了不必要的人力投入。还有，不同业务系统的数据存放在各自的系统中，联合分析业务数据成本过高，导致数据孤岛现象严重。

（3）数据安全难以把控

在非营销业务场景中，如人员招聘、新品预告、报名等 H5 需求，如果选择外部的 H5 搭建产品，会导致物料素材和用户数据上传至外部系统，重要内容在人员岗位发生变更时难以交接，且存在机密数据泄露的安全隐患。

### 3.1.2 产品介绍

为解决上述问题，公司业务团队与研发团队合作思考、探讨方案，最终于 2018 年开发了一款满足一站式、组件插拔化的落地页搭建系统，我们将它命名为"悟空"，vivo 的活动中台也正式起航。

悟空上线以来，已累计为公司超过 10 个事业部、40 个业务团队，以及 500 个外部用户提供服务，平台累计发布 H5 页面 10000 个以上，平均每天上线超过 60 个 H5 页面，累计为公司带来超过 5 亿元的收入，服务业务涵盖 vivo 商城、品牌推广、应用游戏、金融、新闻、视频、广告等。各互联网团队在悟空上开发提交、在线运营了多款经典的活动，如图 3-1 所示。

图 3-1　经典活动展示

### 3.1.3 产品矩阵

标准的前台产品是内容、链路、流量的结合，而活动中台是内容生产、链路建设、用户满意度的结合，前台产品不断扩充发展，各种提升效率的产品或平台随之诞生。悟空从内容生产、玩法场景设计出发，打造策划、投放、分析的营销全链路，真正为企业业务提供了解决问题的方法，创造了价值。

活动中台的建设是一个一直在演进的过程，它会随着业务发展不断进行调整。悟空在三年时间内就进行了多次能力细化、场景拆分的调整，目前活动中台由四个产品进行支撑，分别是悟空建站、阿拉丁互动平台、开发者中心、数据洞察。

（1）悟空建站

悟空专注于底层能力建设，将围绕一整套可视化发布的能力进行抽象赋能，同时服务于广告业务、合作方 CP 业务场景，致力于打造高效、友好的可视化页面，它是营销内容建设的核心发动机。

（2）阿拉丁互动平台

悟空将不同的玩法和通用活动市场的建设从建站体系里拆分，成立"阿拉丁互动平台"，基于可靠的建站能力，专注为业务团队提供完整的、高质量的活动运营解决方案。

（3）开发者中心

开发者是内容建设的关键因素，据统计，研发用户是业务用户的 10 倍以上。一位活动产品经理可能对应着两三个研发团队，所以为开发者提升研发效率是必不可少的环节，以开发者为中心的产品也随之建立。

（4）数据洞察

最后，基于公司内部数据平台，将营销数据分析服务独立，成立了数据洞察模块，帮助业务团队在营销属性的数据平台上完成一系列的活动数据分析。

四大方向从营销层面解决了业务快速上线、资源共享、数据分析等全链路问题。

### 3.1.4 功能架构

本节我们通过一个实际的业务案例为读者讲述悟空的功能架构。

商城团队在 618 促销节期间开发了一个爆款 H5，其中用户集卡的营销效果出众，因此会员团队希望暑期上线一款类似的集卡营销活动。在传统方案中，会员团队会线下复制一份商城活动代码，根据业务进行定制修改后上线。因集卡涉及运营策略的线上配置，需要重新开发后台功能。

由于原始代码耦合商城业务严重，整体的工程可维护性、扩展性达不到预期。单次开发的后台功能，如果仅服务于本次营销活动，整体的投入产出比很低，而且相关数据埋点需要重新设计，风控接入、数据分析、二次分享等配套能力都需要重新开发。

而现在，业务团队可以从活动中台的组件市场中挑选不同的玩法组件，直接引用至可视化面板中进行活动搭建。如果业务需要定制化修改，也可以通过活动中台提供的开发者中心快速进行二次修改。

　　活动中台可以帮助企业解决营销难题，它促进了组织协作升级，打破了团队壁垒，避免了业务数据形成孤岛，提升了基础架构的复用能力，有助于公司业务实现突破性增长。但同时，中台也给产品设计带来了新的挑战，如设计思维的改变，它要求中台的功能设计更具有全局性，要考虑功能如何抽象，是否有业务复用性等。另一方面的挑战来自组织协作，中台产品经理必须有很强的沟通协调能力，能识别不同业务方的共性需求，抽象出统一的产品方案。活动中台的功能架构如图 3-2 所示。

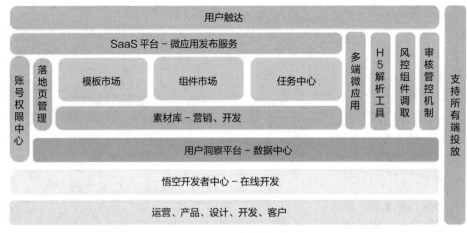

图 3-2　功能架构图

　　中台在面对营销活动中不同业务的需求时，需要实现复用、提效、赋能这三个目标。通过对目标的不断拆解和演进，结合产品和技术的持续创新，我们最终构建出图 3-2 中的系统功能架构。读者从图中可了解到，活动中台的核心模块主要是作品中心、组件市场、任务中心、素材中心、权限中心，后续小节笔者会结合实际业务场景为读者详细讲解每个模块的具体使用场景和功能意义。

## 3.2　落地页管理——作品中心

　　作品中心可帮助用户解决设计后的问题，它围绕活动属性提供一系列的信息管理和快捷操作，方便用户对线上 H5 落地页进行灵活的调整。另外，作品中心也支持嵌入第三方业务系统进行二次使用，是活动中台与前台业务的主要信息纽带。

　　用户发布落地页后，最重要的入口就是作品的信息卡片，它可以快速反馈当前作品的状态、快照、标签、数据等有效信息，帮助用户及后续的协作者快速了解作品。当众多针对 H5 的操作凝练为一张卡片为用户提供服务时，我们该如何结合实际用户需求去设计卡片功能呢？接下来我们从落地页管理出发，为大家讲解作品卡片的设计思路和技术细节。

### 3.2.1 作品卡片

落地页列表的展示一般分为封面卡片和表格两种形式。封面卡片可将作品效果直观地进行展示，表格则可以显示更多的信息。活动中台结合两者的优点优化了展示形式，在显示更多作品信息的同时，也能通过封面直观展示作品效果，如图 3-3 所示。

图 3-3　作品卡片

封面图来源于用户上传的具有代表性的图片，若用户没有上传封面图，设计区域会自动生成截图快照作为作品封面图。

用户在浏览作品时，可将鼠标悬浮于封面图之上，此时图片会开始滚动播放，通过简单的交互就可以帮助用户快速了解作品的梗概内容。

关于作品截图快照的生成方法，社区中有成熟的截图成像技术，我们可以通过开源的html2canvas 工具将设计器中的作品区域的页面转换为图片，再通过文件流上传保存。

作品快照只能帮助用户进行简单的内容筛选，如果作品本身内容繁杂、交互过多，就无法通过快照直观地展示了。所以在快照的基础上，悟空提供了在线预览功能，用户如果想了解作品的交互、动画等效果，可以直接在手机模拟弹窗中进行体验。同时悟空也支持将链接转化为二维码，方便用户手机扫码访问，更加真实地体验 H5 效果，如图 3-4 所示。

营销类的作品通常有着复杂的内容，比如抽奖转盘、应用推广、活动投票等，其中穿插了许多动画效果，用户很难迅速识别哪些作品包含哪些营销特质。针对这种情况，作品中心会智能化地对 H5 的含义进行概括介绍，把作品中的代表性内容标签化，直接展示在作品卡片中。

例如包含大转盘、九宫格、砸金蛋的内容，系统会将其分析识别为**抽奖**标签；对于报名填写、录入地址等内容，系统会将其归类为**表单**标签；对于推广应用和游戏的内容，系统会将其归类为**应用下载**标签。作品标签可以帮助用户快速筛选识别。

图 3-4　作品预览

### 3.2.2　作品状态

作品状态可以直观地反映出当前作品处于哪个生成阶段。针对作品的生命周期，我们把作品的状态划分为九种，分别是**未上线、审核中、审核不通过、已上线、待开始、已过期、已下线、已删除、违规**。读者可通过状态的字面意思，对每种状态的作用有一个大概了解。接下来我们基于常规的操作场景，向大家全面介绍活动状态的流转。

在创作过程中，作品状态一直为**待上线**。当用户完成创作并上线发布后，作品在后台流转到审核中心进行信息审核，作品状态变更为**审核中**。若作品涉及法务、合规等违规信息，作品被审核系统打回后，状态变更为**审核不通过**。

如果中台只针对企业内部用户，审核流程的建立可以适当放缓；若同时服务于内、外部用户，则需要谨慎把关。

审核通过后，作品的访问链接在线上实时生效，状态随即变更为**已上线**，这时作品链接就可被投放到渠道中进行推广了。由于作品上线后可以在后台进行修改，线上实时生效，因此防止有内容不合规的漏网之鱼，审核系统要定时对线上作品进行巡检，若发现作品内容违规，中台会自动将作品下线，并将活动状态变更为**违规**，短信通知用户。

设计一个有完整活动目标和营销策略的 H5 活动，要充分考虑实际用户的使用场景。用户发布作品时可设置线上生效时间段，不在有效时间段内的作品，状态为**待上线**，外网访问活动链接时，活动中台提供了"未开始"的活动提醒页面。运营人员一般会在活动节日前期准备好营销物料，通过活动周期设置，自动上线活动，无须人工值守。超出有效时间段的作品，状态将流转为**已过期**，同时中台也提供了活动失效的提醒页面。

用户手动下线作品，状态将更改为**已下线**，线上链接不再能够被访问。待上线和已下线、已过期状态的作品允许被删除，删除后作品状态会变更为**已删除**。已删除的作品可以在回收站中进行还原，若回收站中的作品在一年内没有被访问的记录，作品中心将进行物理删除，释放线上存储空间。

以上就是作品的完整生命历程。在实际流程中，还有许多注意事项，比如对于有效时间临近过期的线上作品，中台会及时通知相关协作人，让用户确认超出有效期后作品是否自动下线，避免作品因超期导致非正常下线，造成损失。

### 3.2.3　作品短链

作品的访问链接是由域名、业务标识、作品标识组合形成的。由于链接中包含了作品的业务属性，往往会在尾部追加业务参数，因此访问链接会因字符太多而显得不美观，如下：

```
https://zhan.vivo.com.cn/test/201117352e29d5
```

在报名类型的作品场景中，用户报名成功后，将以短信的形式通知用户，短信中会包含查看报名结果的页面链接。过于冗长的链接会影响用户的查看体验，导致用户流失；短信内容过长也会被运营商截成两条，导致成本增高。为解决以上问题，平台内置了短链服务，将原链接在线转换，转换后地址为：

https://vivo.cn/lAFbP1

实际上短链服务的应用场景还有很多，下面这些场景都可以考虑接入短链服务：

□ 原始业务系统的网址较长，通过短链进行链接美化，可降低推广和传播的门槛；

□ 短信发送等触达场景中，收费标准与短信长度强相关，短链可降低触达成本；

□ 地址长度过长会导致生成的二维码过于复杂，短链可以简化二维码，提高二维码扫描的成功率；

□ 短链支持链接定制，让链接具有实际意义，例如在 vivo X70 手机的线上推广中，运营人员可将作品页面链接定制为 https://vivo.cn/X70，这样更有利于推广。

## 3.2.4 批量管理

因为营销场景的复杂性和多样性，作品中心会出现很多不同营销周期和营销目的的活动，当这些作品混杂在一个卡片列表中时，必然会给用户的维护管理工作造成困扰。平台针对该现象，提供了作品分类管理功能，用户可以建立自定义类别标签，手动将应用场景作品分类，通过批量移动将已上线的作品与分类进行绑定，并在作品中心中切换营销分类，快捷筛选与查看作品，提高运营效率，如图 3-5 所示。

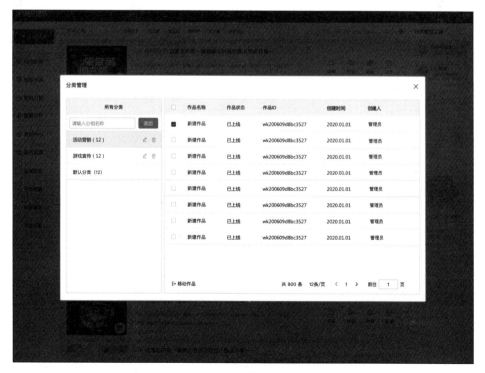

图 3-5　作品批量管理

此外，作品分类可以与访问权限进行绑定。作品页是活动中台与前台业务的重要信息组带，将作品页分享给前台业务内嵌展示时，可将分类与业务系统进行绑定展示，避免无关的作品出现在业务系统中。

## 3.2.5 作品组

大型的 H5 活动会在活动前进行预热，用户参与活动期间也会展示后续不同阶段的不同玩法，活动结束后将活动数据信息展示给用户。在整套流程中，至少会涉及 3 ～ 6 个活动页面的切换，若分别以不同的活动链接进行投放，那活动管理成本、活动用户参与成本会非常高。

在实际运营过程中，活动中台探索出的最佳解决方案是将同系列的活动页面聚合成一个访问链接，线上用户在不同时间访问该链接，会呈现不同阶段的活动内容，降低用户参与难度。同时，保留各活动单独的访问链接，保留单独访问的能力，如图 3-6 所示。

图 3-6　H5 作品组设置

用户可以在作品组中新建作品系列，然后将多个作品添加到该系列中，分别为不同的作品设置相应时间段的访问窗口，每个作品组件对应一个作品链接。根据系统的默认配置约定，设置作品组访问路径规则，如下：

```
// 作品组链接规则
https://zhan.vivo.com.cn/activity/link/{id}
// 以 X60 手机线上营销场景举例，访问链接如下
https://zhan.vivo.com.cn/activity/link/X60
```

链接后缀部分是用户根据实际营销场景手动配置的业务标识，活动中台会根据此标识字符串生成唯一 ID，将作品组与绑定的站点进行关联。当线上用户访问作品组链接时，活动服务器网关会自动解析链接后缀，将实际的访问请求定向至真实的活动链接，并按照用户配置的时间访问对应的链接地址。

通过该设计，我们实现了用户在不同的活动开展时间访问同一活动链接，可以看到不同的展示内容的目的。

## 3.2.6　数据分析

营销活动不是单纯的福利回馈，每个活动背后都有着各自的营销目标，无外乎促活、拉新、留存、转化、宣传等。那如何评估一个活动的效果呢？活动的策划者往往会关注活动目标是否达成，投入产品比是否达到预期，还需不需要继续投入资源，活动如何改进优化等问题。为了解答上述问题，我们需要通过活动数据来进行分析、判断。

活动数据指标可划分为系统数据指标和用户数据指标。系统数据指标涵盖了所有 H5 活动的数据参数，例如页面浏览量（Page View，PV）、独立访客数（Unique Visitor，UV）、日用户活跃量（Daily Active User，DAU）、首屏跳出率等；用户数据指标着重关注留存和转化数据，例如用户浏览时长、日留存情况、人群画像（地域、性别、职业等）、目标路径转化等。

数据的转化需要跨业务系统进行分析筛选，为了更好地让用户全局感知数据质量，平台默认将数据提交到企业内部的大数据中心，大数据中心进行指标计算和归集后，再汇聚到 BI 数据中心进行数据展示。用户点击作品卡片中的数据分析入口，便可以访问内嵌的 BI 数据看板，如图 3-7 所示。

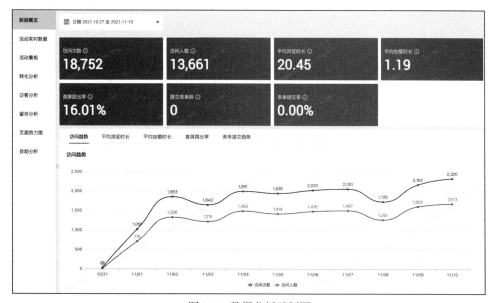

图 3-7　数据分析示例图

从图中我们可以看到，BI 看板主要分为六大模块：

❑ **数据概览**用来展现核心指标的趋势变化，满足对作品进行统计分析的需求；

❑ **实时数据**主要反映用户浏览、转换等核心指标的实时性，满足实时监测的统计需要；

❑ **访客分析**表示不同地域和机型的访客占比，了解访客构成，也可以用来观察是否存在作弊刷数据的行为；

❑ **转化分析**表示组件转化数据对页面转化的效果分析；

❑ **留存分析**用来展示用户访问页面后 1 ～ 30 日的页面留存情况；

❑ **自助分析**用来满足用户对数据的自助分析诉求，可以解决 80% 的个性化看板需求，让用户关注的数据看板更加人性化。

以上就是关于活动中台作品中心的核心功能的讲解，通过作品卡片和围绕作品实际运营场景，为读者呈现了真实营销场景中遇到的各种问题和解决方案，希望能给大家带来一些关于自身业务的思考。接下来我们将围绕活动中台的特质，为读者讲解围绕分离式组件与任务的个性化营销场景方案。

# 3.3 作品的齿轮——组件与任务

H5 活动的形成离不开活动组件的拼接，更离不开活动背后的营销任务。它们都是作品不可或缺的关键齿轮。活动中台提供在线插拔式的组件交互系统，高效、灵活地支持活动搭建和配置，真正意义上实现了"复用、敏捷、创新"的能力，让活动中台的发展和沉淀真正成为企业红利。

## 3.3.1 组件类型

在可视化搭建系统中，H5 活动需要各式各样的组件在线拼装。活动中台组件不仅需要承担活动效果展示的工作，同时还需要具备灵活配置的能力，所以一个完整的活动中台组件要同时具备效果层和配置层。如图 3-8 所示，以图片组件为例，左侧为展示效果，右侧为配置面板，两者结合才是完整的图片组件。

我们根据使用场景，将所有的组件划分为通用组件和个性化组件。

### 1. 通用组件

通用组件主要处理常规页面场景，它们不会与实际业务耦合，没有使用限制，根据应用场景的不同可以细化为常用组件、布局组件、营销组件。

### （1）常用组件

常用组件如文本、图片、视频、按钮、热区、音频、二维码、地图、分享、滚动文字等，它们都是 H5 页面最基本的组成结构。以热区组件为例，它的能力是在网页上悬浮一张透明层，用户点击该组件时，触发透明层预设好的点击事件。我们可以将热区组件拖动至一张商品大图中的购买按钮的位置，然后配置热区的点击事件为商品的购买地址，这样就通过扩展热区组件实现了点击能力，对页面的操作扩展有着不小的帮助。

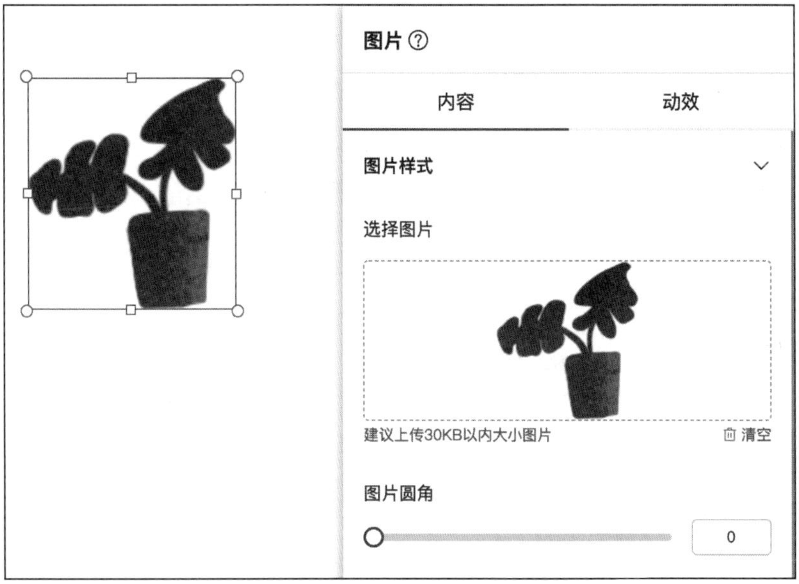

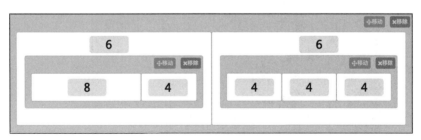

图 3-8　图片组件

（2）布局组件

H5 页面的内容不能完全依靠组件拼接完成，各种各样的布局方案是支撑页面内容合理展示的关键。活动中台内置了两种常用的布局容器组件，即栅格容器和自由容器，这两种布局可以涵盖所有的布局场景。栅格容器将根据用户预设的比例，生成对应的元素接收区域，以经典的 12 分栏布局进行切割划分为例，我们可以将布局设置为 6∶6、8∶4、4∶4∶4，系统会自动按照比例生成区域，快速完成布局，如图 3-9 所示。

图 3-9　栅格容器

自由容器类似画板，用户可以在干净的面板中进行自由布局，最终固化成组件的集合，再进行二次使用。容器组件内置了一些高频使用的拼装场景，如轮播、弹框、Tab 标签页等，将预设好的固定布局收拢成容器，可满足用户快捷配置的需求。

（3）营销组件

营销组件通常会关联常规的营销任务，例如抽奖、领券、答题等组件，这些组件会关联到分享、下载、打开 App 等行为，进而完成不同的营销任务。

### 2. 个性化组件

用户可以使用通用组件快速组装 H5 页面，但也存在通用组件无法满足业务需求的情况。例如在使用图片组件时，用户希望点击图片时可以预览大图。过去对于此类的扩展需求，我们要么选择妥协，取消需求，要么将需求提给中台团队，进行兼容升级。

如果提出的需求过于个性化，必然会造成其他用户的困扰，所以中台接收的需求必须是辐射业务更广、更具备复用性的需求。但是，总有些需求既不满足上述要求，又具备很高的价值，中台此时是很难界定支撑标准的。如果仅以业务量级和价值等级区分需求，反而失去了中台的意义。

活动中台提供了在线插拔式的组件交互系统，其原理是将组件系统与可视化设计器解耦，而可视化设计器同时具备在线热加载远程组件能力，通过这种方式将组件的个性化开发能力暴露给业务团队，业务团队可在线下自行开发后，将其在线绑定至活动中台使用。此外，还可以在组件中心浏览其他团队开发的 H5 组件，将其快速复制到研发环境进行二次加工，帮助个性化业务快速达成目标。

归属的业务管理员可在中台提供的组件上架页面绑定该业务当前可以使用的组件，设置好组件的名称、图标、组件包名称、版本等信息就完成了绑定，此时再进入编辑器，便可直接在线使用该组件，如图 3-10 所示。当然，为了防止组件功能异常造成损失，中台针对组件提供了切换版本的能力，管理员可在后台下架或者将组件切换为历史版本。

图 3-10　在线绑定组件

### 3.3.2　任务组件

用户在可视化设计器中可以自行使用扩展组件，以最小的成本支撑定制需求，避免错过需求的最佳时期。虽然活动组件是H5的最小单位，但我们还需要设置与活动配套的任务配置信息。以答题活动为例，答题活动需要录入题库数据，如果将每个活动的题目都设置在相应的组件配置面板中，那么当多款答题活动的题库发生题目变更时，就需要逐个修改答题组件的配置信息，工作量太大且难以保证覆盖率。在传统的活动系统中，题库信息是存放在活动配置后台的，而在中台的场景下，我们能如何解决这个问题呢？

#### 1. 单一任务

vivo活动中台将组件能力进一步扩展，诞生了任务中心的概念。任务中心实际上也是一种组件，它能更便捷地实现插件与传统的管理后台的解耦。

活动中台不仅涵盖了组件的效果展示和配置行为，也涵盖了所有动态数据存储读取能力，让活动的整个生命周期都在一个系统中完成，也就是人们常说的"All in One"的概念。用户的配置行为始于组件，终于任务中心，用户不用再为了配置一个活动而打开多个后台系统了。

任务中心区分了公共任务和私有任务。公共任务是公共的营销组件配套的组建任务，例如评论组件、优惠券组件、答题组件、表单组件等；私有任务就是各业务方自己线下开发的组件任务。项目管理员通过配置任务的任务名称、任务包名、版本号等关键指标，在任务中心对此任务进行远程拉取与渲染，如图3-11所示。

图3-11　公共任务中心

以新建用户表单的任务为例，用户点击表单任务卡片上的新建按钮后，会进入表单创建页面，用户可在该页面自行创建表单所需的字段规则，功能如图 3-12 所示。此时用户打开的新建表单页的代码和组件保持一致，都没有置于活动中台中，而是通过远程的组件服务，实时将任务页渲染至中台中，即任务与中台也是解耦的。

图 3-12　设计用户表单

用户将表单信息填写完成后，点击保存，再次回到表单管理页，此时列表已生成一条表单任务数据，其中表单 ID 与表单名称是关键信息，如图 3-13 所示。

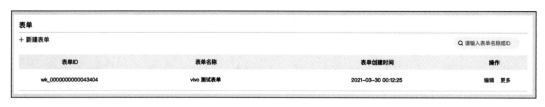

图 3-13　表单列表

当用户进入活动设计器中，选择左侧表单组件进入设计器，我们可以在表单的配置面板上选择配置好的表单信息。选择完成后，设计器中的 UI 面板会实时显示表单的字段信息，如图 3-14 所示。

图 3-14  表单使用

在这个过程里，活动中台只是提供了任务与组件的基座，所有的流程都是不耦合于平台的，实现了组件与设计器的分离、组件配置与 UI 的分离、组件行为与任务的分离。

### 2. 复杂任务

一个活动可能涉及多个任务场景，例如分享获得抽卡机会、翻卡消耗机会、合成卡片获得最终抽奖机会等。一个集卡的场景涉及分享、抽卡、消耗、合成 4 个任务场景，如果我们以分离的方式将活动推向运营，给运营带来的将是灾难性的配置工作。我们将这种涉及多任务场景的活动称为复杂任务。

对于复杂任务，我们需要解决配置复杂度的问题。自中台的活动支撑流程明确以来，我们都习惯于用既定的思路来解决问题，从来没有怀疑过模式是否会出现偏差。为了解决该问题，活动中台推出了任务设计器，以节点的方式排列任务间的流程关系，以全局的视角设计任务，通过对任务节点的可视化配置，最终解决运营配置的复杂度问题，如图 3-15 所示。

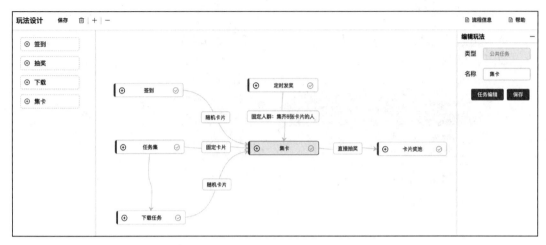

图 3-15　任务设计器

活动中台在 vivo 内部已发展了两年，在这个过程中，我们攻克了各种难题，组件和任务都是脱颖而出的关键解决方案。我们提供了不同类型的公共组件和在线个性化支持方式，提供了公共任务满足日常活动需求，最后引入了任务全局设计器，节约了运营配置成本。上述每一步都代表着我们对作品效果、运营效率的追求，希望通过两个功能的讲述，可以给读者带来一些线上营销活动支撑方面的启发。

# 3.4　物料管理——素材中心

在传统的 H5 活动运营方式中，活动素材分散在各个业务团队，例如图片、视频、音乐等，没有进行有效的管理，所以素材的利用率也非常低，产生了大量相似的素材。当各业务间需要进行素材共享时，往往也是通过办公软件进行内网传递，如果素材发生更新，要通知很多使用团队，整体协作效率很低。

对于公共素材，如统一的品牌 Logo、App 图标、加载效果图等，传统方式是线下收集使用，如果后续这些素材发生变更，总是会发生更新不及时、业务更新遗漏的情况。而且很多活动的素材文件，都存储在设计师或者开发者的本地电脑中，若发生人员变动，这部分素材很容易流失，不利于公司素材的沉淀、共享，提高了活动运营成本。

活动中台围绕业务团队对素材的管理需求打造了素材中心，统一管理 H5 活动素材，提升各团队的效率与产能，助力业务高效开展。通过收集素材，建立统一的素材使用渠道，帮助业务团队快速找到素材、使用素材，帮助设计师或产品经理更加便捷地管理素材。

站在中台的角度，我们需要全面地考虑素材中心的使用场景，才能保证后续的持续使用。素材最原始的使用场景，无非是上传、使用、删除等。本节将探讨和分析素材中心主要功能的设计思想，以供读者参考和研究。

### 3.4.1　素材上传

在 H5 活动场景中，图片是活动的核心构成部分，占全部素材的 80%。我们需要在图片的使用场景，提供压缩编辑、内容识别、默认使用最优格式的能力。下面分别对这些能力进行介绍。

#### 1. 压缩编辑

对于活动而言，图片体积过大是网页加载的噩梦。如果网页中的图片没有经过压缩，那网页的体积会轻松突破 10MB，前端工程师努力优化才减小了几十 KB 的成绩，会被轻易摧毁。

我们可以让设计师压缩图片，但大批量的图片压缩的工作量会成为设计师同事的负担。我们也可以选用在线图片压缩工具，但由于部分图片资源需要保密，如新品、价格、活动规则等敏感素材，企业严禁这些素材在外网流出。

为减小压缩图片的工作量和线上泄露的风险，素材中心默认在用户上传图片元素时自动压缩展示低、中、高三种清晰度的图片样张，系统默认选择中等清晰度的样张，用户可根据实际的压缩效果结合最终体积大小，自行选择上传的图片类型。如果在用户选择的照片体积超过了预设阈值（例如 200KB），系统会触发大图提醒，提醒用户使用该图片可能会造成加载过慢的问题。将自动压缩和大图提醒相结合，在一定程度上提升了 H5 活动的加载效率，同时节省了网络带宽费用。

为方便用户编辑图片，系统也提供了例如旋转、改变比例、剪裁等快捷编辑功能，如图 3-16 所示。

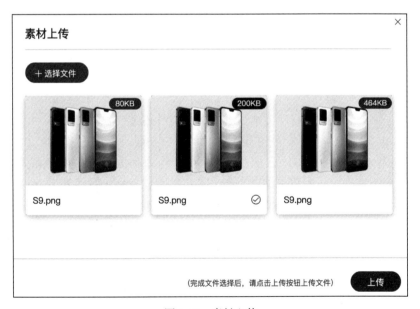

图 3-16　素材上传

当上传完成后，系统将对文件的地址进行混淆加密，提供外网的访问地址，防止外部用户根据上传的规则猜测出其他素材的访问地址。

### 2. 内容识别

用户上传图片素材时，系统会分析图片特征，自定义生成推荐标签，例如色系、节假日、手机型号等，方便用户快捷筛选图片素材，帮助后续使用的用户快速找到具备含义的图片元素。图片内容识别的另一大优势是，我们可以反过来为用户推荐合适的图片，以供用户进行挑选使用。

分析色系的原理非常简单，将图片转换为网页的 Canvas 对象，调用 getImageData() 方法返回 ImageData 对象，该对象复制了画布指定矩形的像素数据。通过遍历像素数组，找到出现次数最多的那个色值，默认该色值就是这张图片的主色系。为了避免误差，在用户侧会将这个颜色显示为推荐色，用户也可以自行修改。节假日和手机相关标签的分析相对比较简单，只是从文件名和上传时间进行推算，因此准确度相对不高，后续会引入 AI 进行更加精准的图片内容分析。

### 3. 最优格式

设计师通常通过设置图片格式来控制图片体积，常用的图片格式有 PNG、JPEG、WebP 等。

（1）PNG

常用的高质量图像文件输出为 PNG 格式，该格式不会造成像素模糊或变色，并且支持 Alpha 通道。正因为这些优点，PNG 文件相对较大。我们可以对不需要全 24 位的 PNG 图像，进行 8 位处理来减小文件大小，同时不会降低图像质量。

（2）JPEG

另外一种常用的图片格式是 JPEG。JPEG 通常会比 PNG 的文件体积小，会损失图片中的一些像素细节，适用于对于图片质量要求较低的场景。

（3）WebP

WebP 是一种支持有损压缩和无损压缩的图片文件格式。根据 Google 的官方测试，无损压缩后的 WebP 比 PNG 文件体积减小了 45%，即使是经过压缩之后的 PNG 文件，WebP 还是可以在此基础上减小 28%。目前 WebP 也是行业内优先选择的图片格式，科技博客 GigaOM 曾报道：YouTube 视频略缩图采用 WebP 格式后，网页加载速度提升了 10%；谷歌 Chrome 应用商店采用 WebP 格式图片后，每天可以节省几 TB 的带宽，页面平均加载时间大约减少了 1/3；Google+ 移动应用采用 WebP 图片格式后，每天节省了 50TB 数据存储空间。

当用户将不同格式的图片上传至素材中心后，图片服务会将图片统一转换为 WebP 格式。在长期的实践过程中，我们发现 WebP 具有更优的图像数据压缩算法，可以在拥有肉眼识别无差异的图像质量的前提下，保持更小的图片体积，同时具备了无损和有损的压缩模式、Alpha 透明以及动画的特性，与 JPEG 和 PNG 的相互转化效果都相当优秀、稳定和统一。

## 3.4.2 素材管理

在素材管理中，最重要的功能是素材删除、素材审核、素材分组。由于上传的文件难免会存在涉密项目素材，还要考虑目前互联网的监管政策，因此我们必须充分考虑到用户的实际使用诉求，并据此进行功能设计。

### 1. 素材删除

系统默认提供的素材删除功能并不会对存储文件进行物理删除，用户还可以在回收站中还原已删除的资源。我们将这种不进行实际的物理移除的操作统称为软删除。软删除最核心的优势是可以有效防止误删，因为素材一旦上传，就存在被外部产品引用的可能性，如果直接进行物理删除，非常容易发生线上事故。

与此同时，如果不对历史素材进行清理，素材空间越来越庞大。针对这种情况，素材中心提供了一种资源回收机制，将删除超过一年的资源进行物理隔离。隔离后，资源还存在线上，但是原始的访问链接将不能被访问，如果线上有问题发生，可以及时回滚。半年后再执行真正的物理删除。通过两段式的删除操作，彻底将确定无用的资源删除。

### 2. 素材审核

用户上传的图片被压缩后会被推送到 CDN 服务器，同时还会被推送到公司内部的反垃圾平台，进行素材合规性审核。若素材审核没有通过，会短信通知用户，同时系统默认对素材进行物理删除操作。

随着国内互联网信管政策的愈发严格，以及各项文娱项目的敏感范围进一步扩大，各大互联网公司都非常重视发布外网的素材审核工作，也对反垃圾审核的实时性与准确性有了更高的要求。

活动中台素材中心的用户同时涵盖 B 端、C 端，不同业务类型都有着自身的审核规则。为了解决这个问题，素材中心允许每个业务团队自定义反垃圾审核的规则，比如广告项目既可以选择通用的广告素材审核规则，也可以定制化审核。不同项目采用不同的审核规则，最大限度地避免审核规则"一刀切"的问题。

### 3. 隐私分组

大多数情况下，用户可以查看相同业务下的素材资源，但不同职责的用户上传的素材会涉及保密问题，例如活动的规则、新机的售价、新机的效果图等。所以，为了满足隐私需求，我们可以将素材分类设置为隐私模式，隐私分组下的素材只能被素材的上传用户和业务管理者查看，等到素材过了隐私期，可以将素材移至正常分组或者取消分组的隐私设置，如图 3-17 所示。

以上就是围绕活动中台素材中心的介绍，希望我们在素材管理和文件处理上的探索可以给读者们带来更多思路的启发与灵感。

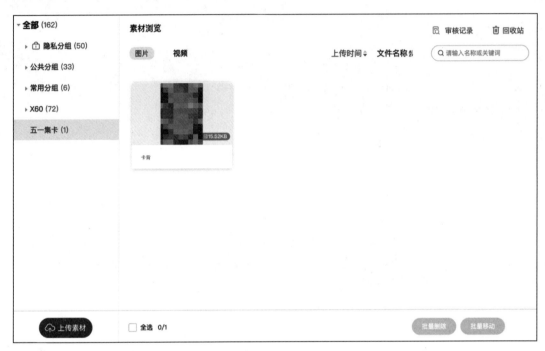

图 3-17　素材浏览

## 3.5　访问控制——权限中心

在生活中，权限问题与我们紧密相连，比如未成年人不允许进入网吧，特殊工作区闲人免进等。在计算机操作系统中，典型的权限划分有属主、属组以及其他用户三类，用以区分不同场景下用户的读写权限。

随着活动中台的发展，接入活动中台的业务方越来越多，为让业务方能够更好地接入中台，在经过前期的摸索与调研后，活动中台权限系统最终采用了目前主流的 RBAC 设计思路，以角色作为连接权限与用户的桥梁。

### 3.5.1　常见的权限设计模式

在介绍权限系统设计思路之前，我们先聊聊几种常见的权限系统设计理念以便加深大家的理解。

#### 1. DAC

自主访问控制（Discretionary Access Control，DAC）由客体的属主对自己的客体进行管理，由属主决定是否将自己的客体访问权或部分访问权授予其他主体，这种控制方式是自主的。也就是说，在自主访问控制下，用户可以按自己的意愿，有选择地与其他用户共享他的文件。

这种设计最常见的应用就是文件系统的权限设计，如微软的 NTFS。DAC 模式最大的缺陷就是对权限控制比较分散，不便于管理，比如无法简单地为一组文件统一设置权限并开放给指定的一群用户。

### 2. MAC

强制访问控制（Mandatory Access Control，MAC）是为了弥补 DAC 权限控制过于分散而诞生的。在 MAC 模式中，每一个对象都有一些权限标识，每个用户同样也会有一些权限标识，而用户能否对该对象进行操作取决于双方的权限标识的关系，而这些权限往往是由系统硬性规定的。比如在影视作品中我们经常能看到特工在查询机密文件时，屏幕提示"无法访问，需要一级安全许可"。MAC 非常适合机密机构或者其他等级观念强烈的行业，但对于商业服务系统而言，则因不够灵活而不能适用。

### 3. RBAC

由于 DAC 和 MAC 存在诸多限制，于是诞生了基于角色的访问控制（Role-Based Access Control，RBAC），并且成了迄今为止最为普及的权限设计模型。每个用户关联一个或多个角色，每个角色关联一个或多个权限，从而实现了非常灵活的权限管理。角色可以根据实际业务需求灵活创建，省去了每新增一个用户就要关联一遍所有权限的麻烦。简单来说，RBAC 就是用户关联角色，角色关联权限。另外，RBAC 也可以模拟出前两者的权限效果，例如数据库软件 MongoDB 便是采用 RBAC 模式，将对数据库的操作都划分成了权限。

RBAC 模式中的常用术语介绍如表 3-1 所示。

表 3-1 常用术语介绍

| 术语 | 释义 |
| --- | --- |
| 用户 | 发起操作的载体 |
| 角色（Role） | 角色是不同权限集合的一个整合。项目管理员可以动态管理角色，项目管理员在登录系统后即会生成一个默认管理员角色，此默认角色其中包含除个性化权限外的其他通用管理员权限 |
| 权限控制表（Access Control List，ACL） | 用来描述权限规则或用户和权限之间关系的数据表 |
| 权限（Permission） | 用来指代对某种对象的某一种操作，例如"添加文章的操作" |
| 权限标识 | 权限的代号，例如用"p_site_add"来指代"新建作品的操作"权限 |
| 系统菜单 | 页面资源展示的入口 |
| 菜单页面 | 菜单对应的展示页面，由页面路由控制 |
| 页面按钮 | 页面中颗粒度更细的功能入口 |
| 服务 API | 服务接口能力 |

### 3.5.2 权限系统的实现

我们先思考权限系统应该具备哪些内容。从最小的颗粒度出发，我们应该具备 RBAC 模式中的用户、角色、权限三个元素。其中角色是关联用户和权限的桥梁，所以在该权限模式下，我们需要创建一个角色，并为这个角色赋予相应权限，最后将为用户赋予角色。具体分为三种场景：普通用户绑定角色并赋予权限；业务管理员绑定角色赋予权限，并为此业务下的普通用户分配权限；超级管理员进入权限池分配权限给业务管理员。

（1）普通用户赋权

在普通用户进入系统之前，实际上会有两种场景出现：

1）普通用户未被当前业务管理员重新分配权限，则此用户拥有的权限为当前业务组下的默认缺省权限；

2）普通用户被当前业务管理员赋予了一个或者多个角色，那么此用户拥有的权限则为多个角色中绑定的权限的集合。

普通用户权限初始化流程如图 3-18 所示。

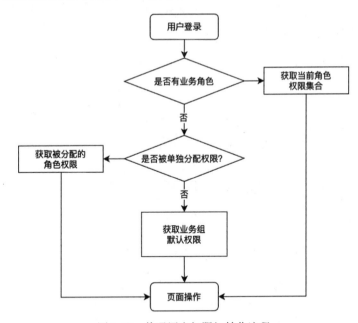

图 3-18　普通用户权限初始化流程

（2）业务管理员赋权

当业务管理员进入系统后，系统会根据管理员所在的业务方，自动初始化管理员角色并分配好对应的管理员权限。此时管理员进入系统则可以进行正常的权限分配：

❑ 用户管理，导入 / 添加此业务所需用户；

❑ 角色赋权，新建所需角色，并将权限与对应的角色绑定；

❑用户赋权，导入业务方相关用户，并将用户与角色关联起来。

管理员权限初始化流程如图 3-19 所示。

（3）超级管理员分配权限

当超级管理员进入项目后，系统会将所有权限返回给超管。若超管进入项目，那么其操作权限等同于项目管理员；若超管不进入项目而是通过项目列表中的入口访问权限中心，则超管可以为各业务方的管理员设置基础权限，具体的产品设计可分为角色赋权、用户管理、用户赋权。

**角色赋权**，角色是由业务管理员根据不同的功能权限进行设计的，通过角色可以方便快捷地赋予用户不同的操作权限，如图 3-20 所示。

**用户管理**，业务管理员可手动录入或导入用户，并直接赋予当前用户目标角色，如图 3-21 所示。

**用户赋权**，与用户管理功能相比，用户赋权的操作维度是角色，管理员可针对角色快捷为用户赋予权限，如图 3-22 所示。

如果把整个系统的页面权限前端部分进行分类，大致可以分为以下四类：

菜单入口，代表的是主功能模块的一二级菜单入口；

页面路由，代表的是受路由管控的一二级页面内容；

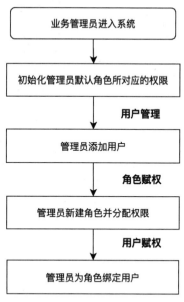

图 3-19 管理员权限初始化流程

图 3-20 角色赋权

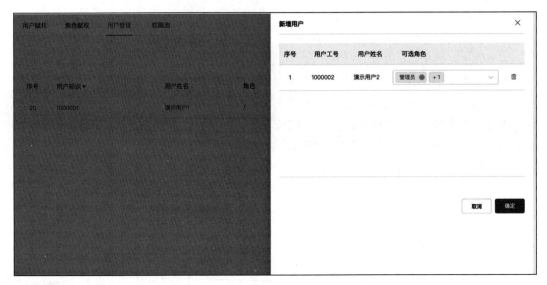

图 3-21 用户管理

图 3-22 用户赋权

页面 Tab，代表的是页面路由内不同 Tab 对应的页面内容；

操作按钮，代表的是页面中可进行交互的按钮。

每部分实际上都需要细分对应的权限，所有的权限集成之后就是整个系统的权限控制表。由于上述的四类页面权限实际上是存在包含关系的，那么我们可以通过树状 JSON 对象来描述权限设计表。

以平台管理模块为例，此模块存在菜单入口、平台管理页面路由，页面中还存在组件管理 Tab 页，此 Tab 页中包含两个操作按钮，新增和编辑。那么我们的权限数据设计如下所示：

```
{
  "platManage": {
    "parent": null,
    "menu": "manage_menu",
    "childs": {
      "operate": {
        "tab": true,
        "add": true,
        "delete": true
      }
    }
  }
}
```

基于上述权限数据，我们为系统开发了一套基础权限组件，在实际项目中使用示例如下：

```html
<template>
    <site-auth :code="auths.platManage.menu">
        <div class="plat-manage">平台管理 </div>
    </site-auth>
</template>

<script>
export default {
  props: ['code'],
  name: 'site-auth',
  computed: {
    show () {
      return this.$auth(this.code)
    }
  },
  render () {
    if (this.show && this.$scopedSlots.default) {
      return this.$scopedSlots.default()
    }
  }
}
</script>
```

<site-auth> 组件通过传入的权限标识 code 来判断当前权限是否存在于用户的权限列表中。校验逻辑存在于 this.$auth 方法中，这个方法通过 vue.prototype 挂载在原型链中，方便平台中的所有组件自由调用。校验逻辑代码示例如下：

```js
// 是否需要鉴权的开关
let authFlag = 0
// 用户权限 code 列表
export let permissionCodes = []
```

```
export const initPermission = async (params) => {
    // 此处省略后台鉴权操作
    return
}
export const auth = code => {
  // 根据是否鉴权的开关进行权限判断
  return authFlag ? permissionCodes.indexOf(code) !== -1 : true
}
```

页面路由的校验主要在路由主模块中进行，在需要进行权限管控的路由中的 meta 对象内新增 authCode 字段，然后在 router 的全局 beforeEach 钩子中进行监听并处理相关逻辑。代码示例如下：

```
// ...
import auths from '@/auth/auths'
import { initPermission } from '@/auth/initAuth'
export const routes = [{
//   ...
  children:[{
    meta: {
      authcode: auths.template.view.tab,
    },
  }]
}]
// ...
router.beforeEach(async (to, from, next) => {
  //白名单
  const whiteList = []
  if (!whiteList.includes(to.path)) {
    // 初始化用户权限
    await initPermission(to.query)
  }
  if (to.meta.authcode && !Vue.prototype.$auth(to.meta.authcode)) {
    console.log(`${to.meta.title} 权限认证失败 `, 'error')
    next('/')
  } else {
    next()
  }
})
// ...
```

除了前端的页面资源权限以外，对服务端接口 API 的校验是除了页面权限校验外另一道权限控制的保障。当 API 请求转发到业务系统时，嵌入在业务系统中的 API 校验模块会首先通过权限校验计算公式对该角色的访问权限进行判定，若权限校验通过则执行后面业务逻辑。

活动中台将所有可以管控的权限进行细化分组。管理员可在权限池中快捷地为所有用户赋予默认权限，省去了角色关联用户的授权操作，如图 3-23 所示。

| 用户赋权 | 角色赋权 | 用户管理 | 权限池 | | |
|---|---|---|---|---|---|

权限列表 ⑦

| 权限名称 | 类型 | 权限Code ▾ | 默认权限 |
|---|---|---|---|
| ▽ 🗀 工具箱 | | | ● |
|     URL管理 | 操作权限 | p_site_tools_urlManage | ● |
|     页面质量检测 | 操作权限 | p_site_tools_pageDetection | ● |
|     组合站点 | 操作权限 | p_site_tools_programSites | ● |
|     站点工具栏 | 操作权限 | p_site_tools | ● |
| ▽ 🗀【高级权限】项目设置 | | | ○ |
|     项目设置 | 页面权限 | p_project_settings_tab | ○ |
| ▽ 🗀 站点管理 | | | ● |
|     元素面板 | 页面权限 | p_site_edit_element | ● |
|     重新发布 | 操作权限 | p_site_list_rePublish | ● |
|     前置脚本功能 | 操作权限 | p_site_customize_script | ● |

图 3-23　系统权限池

### 3.5.3　权限隔离设计

在 SaaS 平台中，不同业务角色下的功能存在重叠，活动场景也不一致。用户登录后，触达具有访问权限的项目列表，进入项目，生产活动。为了让不同的业务方在同一平台发挥出不同的特性功能，我们需要设计一套业务隔离系统。在活动中台系统中，我们需要实现让不同业务能够选择不同的登录方式，用来打通其他平台账户。

活动中台的账户体系涉及多业务方，不同业务方归属不同业务组，业务组包括不同的第三方用户、内部账户、自由账户等，按照不同的账户体系可以再次细分为系统管理员、审核员、素材管理者、体验用户等，具体的业务流程如图 3-24 所示。

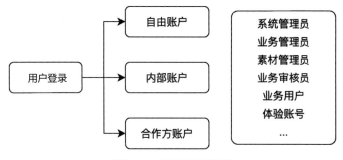

图 3-24　登录用户类型

接入中台的业务方有着不同的属性、不同类型的账户，可使用的权限也不一致。我们将用户类型主要分为以下三类。

❑ 内部账户：公司内部员工，可自由发布活动。

❑ 营销账户：接入推广业务的客户，可以使用活动中台搭建符合规定的 H5，每个活动都需要审核。

❑ 自由账户：付费使用活动中台，不同权限可以体验不同的功能。

vivo 活动中台部署在外部网络环境，对外提供建站能力。内网用户不能在外网进行操作，外网用户也不能调用只提供给内网用户的接口，以此实现内网、外网用户的隔离。

### 1. 网络隔离

服务器通过用户请求中携带的 IP 等标识锁定用户的网络来源，以此实现访问控制。内网用户在外网环境下不允许访问平台，不允许访问或者调用纯内网的接口，其他场景在网络上不做限制，如图 3-25 所示。注意，当内网用户通过移动设备办公，连接公司内部网络登录页面后，再通过其他网络访问平台，也属于内网用户在外网环境下访问平台。

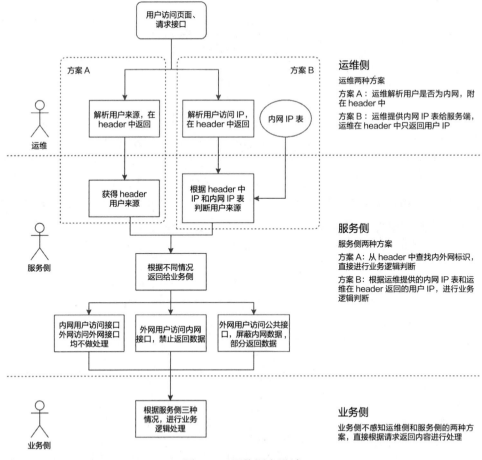

图 3-25　网络隔离设计

### 2. 权限识别

活动中台通过用户请求中携带的 Cookie 区分出这次请求的用户 Tag、项目、接口标识。当用户完成登录，进入具体项目后，需要对项目内的页面、按钮访问做细颗粒度的权限控制。此处活动中台不再对单一用户进行访问控制，而是对用户角色进行权限管控。

RBAC 权限设计模式是 SaaS 系统中最常见的权限管理模式之一。RBAC 模式的优势在于，不必每次创建用户时都进行分配权限的操作，只要为用户分配相应的角色即可，而且角色的权限变更频率比用户低得多，这样可以简化用户的权限管理，减少系统的开销。

### 3. 功能隔离

除了用户权限分组之外，不同业务也需要进行分组，主要包括广告业务、营销业务、代理业务、企业内部业务等。业务管理员需要为不同的业务分组下发功能权限。

下发功能权限是一个自上而下的过程，系统在初始化阶段生成一个 root 账户，该账户自带所有权限功能，由 root 账户来生成不同业务组、账户体系、业务管理员，业务管理员分配对应的功能权限、默认权限，最终实现功能隔离。不同的业务横向拓展自身的业务和隔离方案，它们之间不会交叉与耦合，实现了业务和功能的拆分。

### 4. 活动组件隔离

活动组件由各业务方的开发者开发上架，如需使用其他业务上架的组件，则需要通过组件市场申请使用。

申请方可以直接使用展示型的业务组件。如果申请使用的组件涉及业务的 API 接口服务调用，则需要由组件的提供方评估接口服务是否可以满足申请方的业务场景和线上的使用量级，避免组件服务承受不住额外的业务流量，造成线上事故。

活动中台产出的组件是拿来即用的，也可以进行二次开发，例如基础组件如图片、文本、轮播、地图、二维码等，高级组件如评论、抽奖、答题、秒杀等。如果组件是开发者针对自身独有的业务需求开发的，那么上架的组件只有当前项目成员可以使用。另外，如果组件有灰度上线试用的场景，那这部分需要圈定线上业务进行开放使用。

### 5. 数据服务隔离

传统的服务架构由众多单体式的无状态应用组成，单个服务再通过多台服务器进行集群部署。该架构体系的优点是复杂度低，可以快速支撑业务，不会存在跨系统的调用场景，且调用深度浅，没有太多的网络和 I/O 开销，也不需要分布式事务支撑。

但是随着中台系统的快速发展，传统架构体系中的业务模块在单体式应用中不断耦合、不断堆积，系统复杂度越来越高，单独的模块无法发布和部署，进而导致启动变慢，稳定性下降。若某一业务模块发生内存泄露，可能导致整个应用瘫痪，拖垮整个服务。

为了实现基于业务的权限隔离，活动中台对单一服务进行拆分，不同服务之间相互隔离，最终将服务拆分为平台系统、组件系统、玩法系统、通用服务系统。服务拆分的目标是模块独立稳定、资源隔离故障可控、服务沉淀通用、快速迭代支撑。由于各个业务方带来的流量、使用频率和依赖程度各不相同，必须针对不同业务方进行资源隔离。独立部署后的模块可动态快速扩容，通用服务提供稳定服务。

最终，vivo 活动中台基于多个角色、多个项目、多个环境的特征，实现了网络、权限、功能、组件、数据服务隔离的稳定性建设工作，为后续中台的发展打下了坚实的基础。

## 3.6 活动工厂——H5 可视化搭建

活动中台在过去的两年内共发布了超过 50000 个活动页面，目前已快速增长至月均上线超过 2000 个的活动营销页面。在庞大的需求背景下，一款易上手、体验好、功能强大的 H5 设计器是必不可少的。它不仅承载着可视化、组件化的页面搭建需要，更是第三方活动组件的聚合基座，支撑着不同活动需求类型页面的产出。

在线搭建过 H5 页面的读者在提到可视化拖拽生成页面时，脑海中会浮现出把 H5 组件通过鼠标拖拽到设计区，组装页面，最终保存发布的场景，例如行业内著名的易企秀、凡客等可视化产品。当我们站在功能设计的角度去分析实际场景时，我们会发现所有的可视化搭建产品核心都是**页面设计功能**，该功能可以划分为元素区（包含组件）、设计区、配置区、页面管理区、功能区五个模块。常规的布局模式如图 3-26 所示。

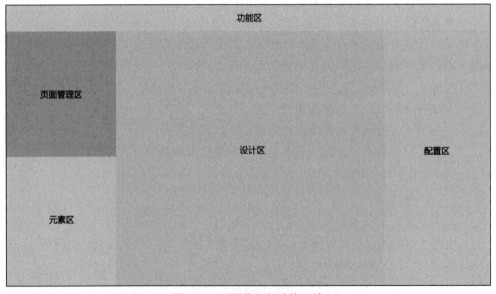

图 3-26　可视化面板功能区域

在 vivo 的业务开展过程中，可视化设计的需求不仅存在于活动页搭建，类似的场景还有数据可视化、视频生成、图片合成、商品页搭建等。虽然都涉及 H5 搭建技术，但活动中台业务无法涵盖所有的可视化需求，否则将造成设计器功能冗余，用户使用门槛过高的问题。

本节会结合 H5 活动搭建场景，为大家讲解每个模块背后的功能设计。为了让读者更加清晰直观地了解 H5 页面设计的功能构成，我们将从最基本、最必不可少的功能开始进行讲解，全面地展示一个可适应不同业务的可视化设计器的产品形态。

## 3.6.1　元素区

元素区在不同的场景中有着不同的名字。在网页搭建的场景中，被称为页面的组件区域；在制作图片的场景中，被称为图片素材区域；在数据可视化场景中，被称为数据图表区域。结合以上三种场景，读者可以对元素区的作用有一个大概的理解。所有的可视化场景都需要可视化的元素，用户将它们拖拽到设计区域中，生成最终的交付物。元素区在可视化系统中也被称为元素面板，主要承载着组件和模板元素。用户可以通过点击和拖拽操作，在元素区挑选符合需求的组件或模板进行可视化搭建设计。

模板是可视化设计中最重要的功能，它弥补了可视化设计中过于自由和灵活而带来的困扰。一般用户进入空白的设计器后会无从下手，不知道下一步该怎么操作，此时各式各样的模板就起到了引导的作用。

为了帮助用户快速了解元素区中元素的作用，我们为元素增加了预览功能，用户无须逐一个拖入元素来观察元素的能力。元素有着多种呈现形式，例如布局组件，我们就可以在元素预览区为用户默认生成经典的布局选项，从而使用户可以快速确定布局方案。

## 3.6.2　设计区

元素的应用需要设计区来支撑。设计区具有两个关键功能：组件布局、布局管理。活动的每一次设计需要确定该 H5 是应用在电脑端还是移动端的，设计器将根据用户的选择，采用不同的尺寸进行布局设计。在确定了基础设置后，设计器将采用相应的组件布局和布局管理形式。组件布局负责完成组件的定位方式、尺寸变换、调整层级等，布局管理负责完成组件层的删除、复制、剪切、批量设置。同时，设计器提供了扩展事件，帮助产品和研发者利用钩子工具来实现自定义平台操作。

### 1.组件布局

当用户拖拽元素区的组件时，设计面板中会出现引导放置的区域，当用户在该位置释放组件后，组件便会加载至设计器面板中。设计器面板可以进行页面效果设计，集成了聚合活动组件、调整组件尺寸、层级、顺序、调整设计面板尺寸、预览活动效果等能力，同时负责展示组件面板与配置面板的最终效果。当活动组件被添加至设计区后，设计面板将为组件提供三种布局方式：常规放置、任意放置、固定放置。

**常规放置**是指组件被添加至设计区域后，该组件的宽度会与设计器的宽度保持一致，当有多个该类型的组件时，它们将会从上到下逐层拼接于页面中。

**任意放置**是指组件被拖放在页面的任意位置，组件的尺寸会沿用该组件设计之初提交的尺寸，并且设计器会识别出其长宽比例。当用户调整组件的宽度或高度时，系统会按比例进行缩放，避免组件发生形变。该布局方案常用于悬浮类型的组件。

**固定放置**与任意放置在配置体验和能力上是基本相似的，主要区别于，在活动发布后的页面中，当用户滑动的页面时，固定放置的元素是不会跟随页面滑动的，而是固定在当前浏览器的视口中。常用于底部悬浮等悬浮类型的组件。

这三种布局方式支撑了所有网页的布局的可能性，为丰富的活动形式奠定了坚实的基础。

非常规放置组件的布局行为，主要集中在位置变化、尺寸改变、旋转角度这三项能力上，它们可以满足了大部分布局场景。另外，设计器需为用户准备辅助线对齐的功能，帮助用户快速、整齐地完成页面布局，防止用户陷入对齐的细节中，导致使用体验极度下降。

### 2. 布局管理

设计器围绕组件提供了多种操作形式，如快捷对齐、删除、复制、剪切、移动、调整层级等。设计器将这些操作抽象成能力 API，用户可以在设计区通过相应的快捷键快速地操作组件，提升用户活动配置的体验。

无论是在 PC 页面设计中还是移动端页面设计中，如果用户在拖拽组件的过程中超出了设计区域时，活动中台设计器提供了辅助遮照功能，用户点击被遮照的部分时不影响组件的正常使用。色块组件在超出设计区域后，会自动显示遮罩层的效果，帮助用户快速寻找到超出设计区域的组件元素，如图 3-27 所示。

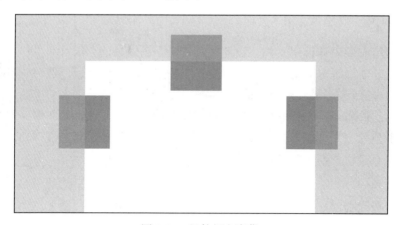

图 3-27 组件超出隐藏

设计器提供了两种方式来支持用户多选组件，一种是用户通过鼠标圈选多个组件，另外一种是用户按住键盘 Ctrl 后，鼠标点击组件进行多选操作。

接下来我们着重讲解关于批量对齐的功能设计和实现。一般我们将元素的位置分为三类：

❑ **对齐**是指批量选择组件后，以目标方向上最边缘的组件为参考点来进行上下或左右的对齐；

❑ **居中**是指以设计器中轴线为参考进行的水平或垂直方向的快捷对齐；

❑ **分布**是指多选组件后，可选择横向或者纵向均匀分布，分布后多选组件之间的间距和重叠距离值相等，设计器会根据组件之间的间距和重叠距离计算每个组件调整后实际距离。

实际应用过程中，通过使用上述三类六种对齐方式，用户可以大大减少组件调整操作，提升用户体验，如图 3-28 所示。

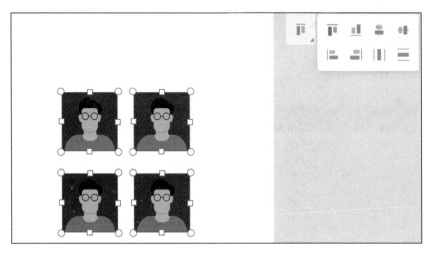

图 3-28　组件多选对齐

### 3. 设计器事件

作为一款承接各种类型 H5 活动的设计器，单纯的组件拼装肯定无法满足所有场景的需要。在实际的业务推进过程中，我们遇到了如下的场景：两款组件在设计器中存在耦合关系，比如分享组件完成分享功能后，页面将会自动跳转至抽奖楼层，当用户在设计器中将抽奖组件删除，若没有相关检查直接上线，则会造成运营事故；再比如 H5 活动保存前，需要校验组件的相关信息是否校验通过，不通过则终止保存。诸如此类需求都需要设计器给予事件支撑。

可视化设计器默认会暴露 H5 活动保存、组件移除、关联组件检测的钩子事件，组件关联检测功能是默认支持的，当用户选择删除有关联的组件后，会默认提示关联关系，以提供强制移除组件的能力。另外，在活动保存前后和组件移除前后，分别赋予开发者钩子能力，允许开发人员通过设置钩子来自定义组件的行为。

## 3.6.3　配置区

当元素被拖拽至设计区后，除了完成布局，还要对组件元素进行配置。用户在设计面板中点击组件，唤醒属于组件的配置面板，在该面板可以对组件进行基础和个性化配置。基础设置包含位置、大小、间距、背景、动画等通用配置效果，个性化设置包含组件本身的独有设置。

活动的所有组件都分为 UI 层、配置层。设计区应用的是 UI 层，而配置区应用的自然是配置层。以图 3-29 的视频组件为例，左侧展示的是视频 UI 层效果，右侧展示的是配置面板，通过配置右侧的选项，联动左侧的 UI 层来呈现配置效果。

图 3-29　视频组件 UI 效果与配置

### 1. 基础设置

元素组件的配置面板中会包含如宽高尺寸、定位方式、边距调整、背景设置、触发事件等的基础设置。在活动长期开展的过程中，每个组件都有不同程度上的公共配置诉求，通过抽象整合公共属性，可以极大减轻个性化组件开发的工作量，进一步降低活动成本。这里我们着重讲解触发事件的功能，它满足了用户对通用点击事件的诉求，如跳转网页的链接地址、打开 App，或者是打开已发布的作品页面，如图 3-30 所示。

### 2. 自定义设置

组件的自定义设置一般基于自身的业务属性，活动中台为开发者提供统一的开发设计交互规范和标准开发组件库，帮助开发者在完成组件需求的同时，满足平台的交互规范。

图片选择器、H5 选择器、楼层选择器等快捷功能，默认内置在开发组件库中，为开发者减少通用组件开发的工作量，仅关注最终的业务实现，如图 3-31 所示。

图 3-30　触发事件

图 3-31　个性化评论组件

### 3. 动画设置

创造和应用有效的动画一直被认为是网页设计中最重要与最复杂的交互之一。动画的视觉冲击远远大于文字和图片，能更好地吸引用户，给静态网页带来更多的乐趣。此外，动画能使元素的功能表现得更生动、活泼，易于理解，常用于引导、强调效果场景。悟空活动中台默认提供进入、强调、退出三种动画效果方案，帮助用户快速为元素赋予动画效果，如图 3-32 所示。

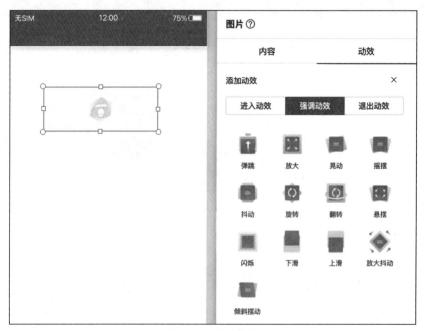

图 3-32　动效设置

此外，在实际活动落地过程中还有些特殊情况会发生，比如一个元素需要使用多个动画，因此我们需要提供动画队列功能，即当一个动画执行完成后继续执行后续的动画。如果默认动画无法满足活动需求，活动中台会提供个性化活动入口，按照动画规范填入动画代码。

### 4. 动态布局设置

设计器在移动端默认采用 rem 尺寸单位进行多设配适配，而动态布局功能正是为了保证单页面的素材在不同屏幕下的极限显示可以得到最好的展示效果。我们通过几个简单的场景向大家介绍下动态布局功能。我们在设计区左下角放了一张图片素材，期望的效果是用户访问页面时图片始终都在左下角，但对于不同屏幕尺寸的手机，会出现不同程度的遮挡问题，如图 3-33 所示。

我们使用自适应功能设置该图为"左侧＋底部"，此时的展示效果如图 3-34 所示，根据用户手机的实际尺寸进行动态计算，保证关键元素不会因为屏幕尺寸问题被遮挡。

图 3-33　不同屏幕手机出现遮挡

图 3-34　元素自适应

当元素被应用规则适配时，默认情况下元素大小保持不变。如果元素需要被强调或者弱化，可以根据需求配置放大或缩小，如图 3-35 所示。

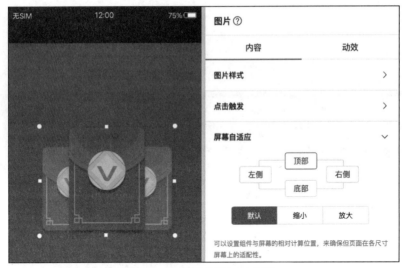

图 3-35 设计器设置示意图

至此，我们结合实际活动场景，对元素区、设计区、配置区的关键能力进行了充分的讲解，相信读者们对设计器已经有了初步的了解。就像前面提到的，可视化设计不只存在于活动中，我们只要能抽象出扩展性高、功能完备的底层框架，就可以服务于不同的可视化业务场景。接下来，我们将继续为读者介绍设计器核心设计中另外两个关键模块。

### 3.6.4 页面管理区

H5 页面可以分为两种类型，长页面和单页面。不同的页面类型对应的组件布局方案和页面操作体验存在差异。

#### 1. 长页面

长页面的特点是单屏浏览到底。组件被添加到设计区后，会采用宽度横向铺满、组件高度不可更改、页面竖向排列的布局模式。这也是绝大部分 H5 活动采用的布局模式，常被应用于新闻信息流页面、规则说明页等。

长页面的高度随着组件添加而自动增加，保证页面可以被组件撑开。若用户添加的组件高度加起来不足以撑满屏幕，且在页面下方配置了浮动类型组件，就会发生浮动组件被遮挡的问题。为避免这种情况的发生，设计器为长页面设置了自定义高度的功能，保证浮动组件出现在可视区域内，如图 3-36 所示。

#### 2. 单页面

单页面的特点是一页只占据用户手机一屏，高度以用户手机屏幕高度为准，不允许修改，用户手指向上滑动来切换页面，随之出现翻页动画效果。组件被添加到单页设计区后，默认使用的是浮动布局，且可以随意改变大小、位置和层级，不同的组件可叠加组合在一起使用，如图 3-37 所示。

单页模式在一些重页面效果的场景下配合动画会产生很惊艳的效果，但在适配不同手机屏幕尺寸上，会出现布局挑战。目前行业内的常见做法是固定高度，让组件居中在手机中央来保证页面效果不受影响，然而这种方案会让用户屏幕上下出现空白。

图 3-36　长页面创建

图 3-37　单页面创建

无论是单页还是长页，都不可避免地存在使用多页的情况。在实际的活动场景中，组件需要明确自己触发效果的时间或位置，比如设置页面滑动到第三页时音乐组件才触发播放行为；或当页面离开时，视频组件触发停止播放。为满足上述需求，设计器基于页面的生命周期，为多页场景内置了具有高扩展性的钩子，例如进入页面前触发事件，进入页面后触发事件等。

在可视化功能的初期设计阶段，设计器也曾经尝试支持将长页与单页混排的形式。市面上也存在先用单页承载封面浏览，再用长页承载后续展示的 H5 页面，但从实际使用情况分析，采用混排形式的活动页占比极低。混排会带来不必要的操作成本和理解成本，因此在后续的版本里，设计器逐渐将混排功能剥离。

### 3. 页面管理

当用户创建多页来满足活动效果时，可在页面管理中快捷创建多个页面，每页的面板包含了该页的所有组件信息，以类似树的结构呈现，树的根节点展示页面，叶子节点展示当前页面内的组件，如图 3-38 所示。

用户可以在面板上快速操作页面和组件的基础设置，例如点击展开页面节点，进入组件调整区域，快捷设置组件名称、排序、删除、复制等。设计器将组件名称设定为可设置，这是有一定必要性的。图片组件被添加至页面时默认名称为图片，按钮组件默认名称为按钮，但是悟空设计器支持无代码统计组件的曝光埋点数据和点击埋点数据，如果组件的名称没有辨识度，那么在埋点数据面板中很难分析出数据具体的归属。

图 3-38　页面管理

当然，用户还可以在页面面板上调整每个页面的高度、背景、名称等基础设置，同时支持用户拖拽页面进行重新排序。一般设计器会将页面的设置面板与组件配置面板融合，这种设计的好处一方面是建立了用户在右侧配置面板操作配置的心智，另一方面可防止用户点击页面导致组件失焦后，右侧的配置面板不会频繁收回。

## 3.6.5　功能区

功能区负责帮助用户处理活动搭建过程中的快捷处理细节，负责处理活动配置数据相关的存储功能，聚焦于操作辅助与数据设置，是可视化设计中不可或缺的一环。

### 1. 操作辅助

在搭建活动的过程中，难免会发生用户操作失误的情景，我们需要类似 Word 文档编辑时可前进、后退的功能，快速回退到前几步的操作，这就是可视化设计中经典的撤销、回退功能。几乎所有的可视化工具都配备了该项功能，不一样的是不同的系统针对该能力的实现各不相同。悟空活动中台采用了 json-patch 的数据设计，以最优的计算方式存储用户的操作记录，回退的步数也有了极大的扩展。操作日志也是该功能的扩展，能够帮助用户追溯每次活动的修改记录。

为了在效果细节上更好地还原活动设计稿，设计器提供了区域标尺、区域放大、缩小的功能，同时具备检测窗口，显示最佳的比例尺寸设置。当用户完成 H5 搭建后，会触发设计器的快速预览功能，并为 iOS、Andriod 设备预设了常规尺寸的浏览，用户还可能通过二维码在线浏览活动在移动端的效果，如图 3-39 所示。

图 3-39　设计器预览窗口

### 2. 数据设置

数据设置是可视化搭建环节中最后一步操作。当所有的 H5 效果设计完成后，我们需要完成最后的活动设置、保存、发布功能。为了防止用户在操作过程中出现长时间未操作导致登录失效的问题，自动保存功能尤为重要。在规定时间内，默认触发云端暂存功能，暂存前先和上次配置进行比对，无更改则终止自动保存行为。

用户点击发布后，会优先判断该业务方的发布属性是否需要进行反垃圾审核，杜绝 H5

活动存在敏感信息。若审核完成或无须审核，会将 H5 页面发布到统一域名下，此时设计器需要提供访问规则和活动的基础设置的能力，如活动名称、生效时间、下架时间、分享信息等。

数据设置中最关键的功能就是前置脚本，它是一个扩展性极强的编码辅助工具。前置脚本将页面脚本分为执行代码、页面样式、个性化加载页，帮助用户在组件不满足活动效果时，完成"最后一公里"的路程，如图 3-40 所示。

图 3-40　前置脚本

执行代码与页面样式会领先于活动主体进行提前加载，一般用于页面样式个性化重写、个性化网页事件预埋等场景。设计器默认会为页面的入场增加加载效果，例如资源进度条、转盘旋转等。如果活动对加载效果具备更高的要求，不满足常规加载效果，可在前置脚本中输入个性化的加载页代码，之后在页面编译时会优先载入用户自定义的加载效果。

至此，我们为读者讲解了最基本的可视化设计能力，通过元素区、设计区、配置区、页面管理区、功能区，可以扩展出适配各种场景的产品。接下来我们继续介绍数据服务的设计。

## 3.7　数据服务设计

上一节为读者介绍了可视化面板的功能设计，在了解可视化功能的同时，读者或许对其背后的服务设计存在一些疑惑，例如组件是通过怎样的服务流程进入设计面板的？完成设计后的页面如何进行发布？当配置发生变化时，线上配置如何实时生效？本节将从功能的角度详细讲解可视化需要配套的服务能力。

### 3.7.1　组件服务

当用户进入设计器，设计面板会自动拉取可使用的组件列表数据。该数据仅供展示使用，它展示了组件图标、名称、预设配置等属性信息。当用户选择组件后，设计器拉取实际的组件 JavaScript 脚本、CSS 样式，应用于设计区域，此时才会发挥组件的真实功能。

了解可视化搭建的读者会发现，悟空可视化设计器的组件规范与传统的可视化产品不同，外显信息与主功能代码是分离加载的，不耦合于设计器架构中，设计器只负责展示、拉取和应用。当组件远程下载完毕后，代码会热加载至设计器中，再被用户进行配置使用。

在悟空可视化设计器的功能架构里，可被设计器使用的组件需要包含 UI、配置两部分。当设计器拉取组件时，仅拉取 UI 部分逻辑；当用户触发组件配置时，再拉取该组件的配置逻辑。通过这种分段式的加载，可明显提升组件在外部系统中拉取使用的效率。

前文中曾介绍过，组件与任务在平台绑定配置时，平台支持配置两者的版本信息。通过版本映射，我们能够在重大功能升级和线上问题回滚时，处理起来相对灵活。所以设计器的组件服务也具备切换版本加载的能力，根据不同的版本信息，拉取对应的组件版本代码并渲染至设计器，如图 3-41 所示。

组件通过两次分离设计获得了不错的扩展性，但这种设计难免会被人怀疑实际体验是否流畅。例如，当 H5 页面多次使用图片组件时，如果每次都重新从外部拉取，当遇到网络波动、组件体积过大、组件拉取频繁等情况时，是否会影响用户的使用体验？

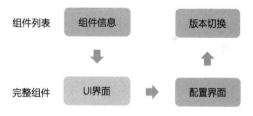

图 3-41　设计中组件分离设计

悟空在提升用户设计器使用体验方面做了很多设计。例如，将已加载的组件缓存在客户端内存中，将使用过的组件永久缓存在客户端，以及在设计器操作空闲期自动缓存高频组件等。将各种缓存方案结合利用，搭配完善的缓存更新机制，可以很好地提升用户配置的体验与效率。

复杂场景的组件往往需要配套任务，例如产品为业务设计了一款抽奖组件，组件的配置面板上需要选择关联的抽奖规则、奖品信息等，所以我们需要提供相应的落地页来在线维护这些信息，这就是传统的后台配置管理系统的功能。但是，如果配置抽奖活动需要我们在两个系统间来回切换，在设计器中配置 UI 效果，在奖品管理平台配置奖品数据，使用者的体验和效率都会受到影响。悟空参考组件的分离设计模式，同样设计了任务中心功能模块，将管理平台集成至任务中心，通过组件面板快捷唤醒后台配置页，让数据配置与 UI 配置的操作统一在一个平台中进行。

### 3.7.2　编译服务

通过前文的学习，我们了解了线上页面的访问规则，也了解到活动页都是在统一域名的基础上追加不同的字符地址进行区分访问的。但设计器是如何将页面输出到线上 HTTP 服务器的呢？下面我们以一款经典的活动页面为例讲解线上服务，在本例中，用户配置了活动头图、活动文案、宣传图、商品 Tab 页、抽奖转盘、活动规则六个活动组件。

当用户发布该活动时，系统会触发页面编译服务，该服务通过聚合分析活动结构配置，筛选出最小页面组合子集，如拉取图片、文本、Tab 页、商品列表、抽奖五个组件代码。服务后台采用两种形式去编译静态资源包，分别是在线 webpack 打包和离线 umd 聚合。系统在生成了静态资源包后，会将其发布至线上服务器，再通过配置 CDN 回源地址，提供 H5 在线访问能力。

一些营销活动的活动策略需要实时变更，例如对活动热度预估不准确，一款为期七天的促销活动，仅上线三天就因参与用户过多，导致大量礼品被消耗的场景。此时，我们需要在线补充礼品库存并调整中奖概率，以支撑后续活动正常开展。当然运营在活动组件需求确认阶段，需要有充足的预估，提出库存与中奖概率需要实时在线调整的需求。当运营在设计器中调整参数完毕后，页面编译服务可提供在线配置和活动页内嵌配置两种请求生效模式。两种方案都支持在线实时变更配置，避免用户受到损失。

1）在线配置服务：该服务会将运营的配置信息推送到线上服务器中，活动页在线访问 API 进行配置数据访问。该方式利用了分布式部署的多台服务器，可保障极限场景下服务的稳定性。但是用户访问页面时，活动的内容呈现需要依赖该请求，若出现服务请求缓慢、配置项过大等情况，则会拖慢整个页面的加载，造成页面白屏时间过长，影响用户体验。

2）活动页内嵌配置：该方案将配置信息写入活动页的入口 HTML 文件中，当活动页在客户端请求完成，活动内容便直接渲染完毕。此方案相对于在线配置服务方案，优点是加载更快，节约线上服务器资源，但如果活动配置被频繁修改，导致修改线上文件的修改及 CDN 的刷新操作过频，活动的实时性会受到影响。

所以我们要针对不同的活动类型，进行不同的实时配置数据方案来保证最好的活动效果。

### 3.7.3 数据服务

活动的数据服务主要体现在组件与任务场景的业务需求，因为完全用内容组件搭建的活动毕竟是少数。

优秀的营销活动不仅需要利用内容吸引用户的注意力，还需要与优秀的营销策略相结合，才能达到预期效果，而与营销策略挂钩的玩法和任务都需要数据服务接入。悟空提供了三种数据接入服务来快速支撑不同的营销场景。

#### 1. 通用数据服务

通用数据服务会抽象合并相似职能的数据服务，例如获取用户参数、预约行为、积分数据、会员等级等。通用数据服务不仅可以直接应用到组件、任务中，还可以通过重新组合产出各式的业务组件。例如针对存量用户的营销活动需要用户进行登录，登录完成后显示该用户的存量信息。另外该类型数据服务还可以帮助第三方服务快速聚焦业务，节约活动开发时间。

### 2. 业务数据服务

业务数据服务主要沿用以往的后台业务服务，利用成熟可靠的第三方服务快速支撑活动运营诉求，其与活动中台之间通过请求白名单的形式进行互相放行访问，通过数据服务进行业务通信，例如商城业务团队可以在活动中台的任务中心直接调用商城的营销管理系统来显示优惠券信息。同样，活动中台也会将通用数据提供给第三方业务，例如获取最近发布的活动信息、活动操作日志等。业务数据服务模式的优点是对原有的业务逻辑改动较小，可以同时兼容活动中台和原有的管理后台模式。

### 3. 自定义数据服务

完整的活动开发，远不止于前端页面搭建。随着互联网的流行，越来越多的生活场景从线下搬到线上，例如购物、社交、旅游、团购等业务。如果说传统 IT 程序面对的用户数均值是 1000 人，那互联网应用程序面对的服务人数将几十倍地增长。应用用户的暴增给传统开发模式、系统架构、产品设计都带来强烈的冲击。

悟空活动中台团队通过不断地思考和方案演进，最终为研发用户提供了一站式数据服务，减少复杂度偏低的业务开发迭代成本，为业务人员提供快速而稳定的线上数据服务。该系统分为三层，API 设计平台、API 网关服务、数据引擎客户端。

API 设计平台是面向研发提供的可视化数据规则生成器，该平台将数据规则生成唯一标识 API-ID，业务系统通过规则访问，就可以访问该数据规则能力，访问规则如下：

```
http://api.vivo.com.cn/${apiId}.do?params=
```

API 网关系统与 API 设计平台是两个隔离的系统。API 设计平台专注于数据逻辑关系的管理，而网关系统处理的就是 API 的数据功能。当 API 网关系统拦截到有效用户请求时，将会调用数据引擎客户端进行数据处理，如图 3-42 所示。

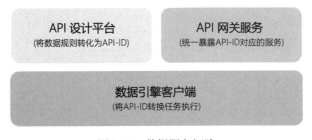

图 3-42　数据服务矩阵

研发用户可以根据业务场景，通过 API 设计平台完成数据服务接口的自助设计。在 API 设计平台上，用户可自行关联或自建数据实例，再通过图形化设计面板，完成数据实例的增、减、改、查。数据设计平台产生的每一个 API，都会生成唯一的接口 ID，研发用户可通过活动中台提供的统一接口规范 http://api.vivo.com.cm/wukong/{id}，自行调用设计后的接口。通过该设计，我们实现了无后台人员支撑业务自主设计开发模式。API-ID 设计带来的好处如下：

- ❑ 增加安全性，控制 API 定制的灵活性，大幅降低了被攻击和 SQL 注入的风险；
- ❑ API 业务目的清晰，可预估请求量级，保证服务负载的稳定性；
- ❑ 校验规则更加明确，对 API 的功能权限有更细粒度的把控；
- ❑ API 监控有迹可循，对业务的反馈更具科学性；
- ❑ API 业务目标明确，不会出现承担多职责，增加复用性；
- ❑ 降低前端成本，前端只需携带规则标识，后台根据标识读取规则内容。该内容不会有复杂度高和体积大的负担，极大增加了 API 能力的可塑性和扩展性。

第二部分 *Part 2*

# 活动中台架构设计

通过构建活动页，我们积累了大量可视化相关的经验，并针对其技术难点和应用场景，总结出了最佳的解决方案。

可视化的概念并不局限于活动业务，vivo 企业内部也有快速绘图、后台建立站点、电商建站、数据可视化、动画设计器、低代码工具等可视化平台。因为业务类别和用户各有不同，悟空中台本身不可能整合所有的可视化业务，落地页可视化程序或代码也不能直接拿来修改、重用。为解决不重复构建活动系统、满足共同需求、在线扩展个性化能力等问题，针对众多的可视化场景，我们在悟空活动中台中推出了 vivo 的通用可视化方案。

通用可视化方案的基本思想是，只要有任何一个元素可以被可视化构建，通用可视化方案都应该能够很好地承接构建。这可以让企业更多地关注业务运作，减少对可视化功能的重复探索，降低实施成本，更有效地实现业务目标。

vivo 可视化的抽象主要聚焦于设计器、组件与公共功能。设计器作为组件的载体，高扩展的基座是承载复杂多变的业务关键核心，而组件抽象是为了适应不同业务类型带来的能力挑战，公共功能抽象是围绕可视化特点进行的一系列通用能力封装。

第 4 章 *Chapter 4*

# 微前端架构设计

在介绍微组件之前，我们不得不提到流行的"微前端"。微前端是通过拆分前端应用以实现分而治之的工程方案，可以同时解决多模块、多团队开发维护困难、功能颗粒化发布等问题。随着许多前端框架的普及，前端承载的业务场景越来越复杂，经过业内很多团队的摸索实践，很多微前端解决方案应运而生。这些方案都致力于用不同的技术栈为主应用提供能力支持，从而实现解耦、低侵入、热更新等微前端特性。

当然，所有技术都需要依靠实际的业务场景来实现更大的价值，这意味着没有"一招鲜"的微前端解决方案，通用的解决方案只能用来解决通用的问题，只有符合自身业务特点的技术解决方案才是最有价值的。本章将揭示微前端技术的秘密，并说明如何利用微组件来构建共享服务能力，同时保留业务方高度定制的能力。

## 4.1　微组件概述

微前端组件是通用可视化解决方案中的关键组成，后文统一简称为"微组件"。微组件与平台完全分离，满足了扩展自由度的要求，这也是通用可视化方案可以服务于不同业务的原因之一。通用可视化中的微组件规范是根据各种业务场景的抽象制定的，这是通用可视化方案能落地各垂直业务的原因。

业界的微前端解决方案不会强制用户选择前端技术栈，并且可以与多种前端解决方案兼容。在 vivo 的解决方案中，业务统一使用的是 Vue 技术栈。通过实践，我们发现统一技术栈有着很多好处：对初学者友好、分享丰富的经验、减少犯错的机会、节省其他技能栈踩坑的时间等。当然，开发者也可以根据微组件特性自行扩展不同的语言解决方案。在本书中，笔者将使用 Vue 技术栈进行方案讲解。

在活动中台的可视化功能中，组件和任务中心可以离线开发并远程加载至平台是其关键特性。这种模式下，活动组件可以很轻松地在紧急状况下完成问题修复和业务回滚。

为了实现组件与平台的分离，需要前端组件不与平台系统耦合，系统可以通过远程服务获取组件，并为组件提供可热插拔的页面服务。能被远程导入和热渲染的组件被称为远程服务组件（Remote Service Component，RSC）。由于我们实现了组件和系统的分离，因此微组件也要搭配基座工程，一起完成远程组件拉取和渲染的任务。下面通过一个简化的版本，向读者展示如何快速创建基本的微组件和基座。

### 4.1.1　Vue 单文件组件

微组件充分考虑了开发者原有的开发习惯，且不影响开发效率，换句话说，微组件并没有想象的那么复杂，因为最简单的 Vue 单文件组件也可以是一个微组件。我们准备了一个简单的 Vue 组件文件 code.vue。该组件的功能是在单击文本时自动将数字递增，代码如下：

```
<!-- code.vue -->
<template>
  <div @click="test">click me | {{ item }}</div>
</template>
<script>
export default {
  data () {
    return {
      item: 1
    }
  },
  methods: {
    test () {
      this.item++
    }
  }
}
</script>
```

读者也可以自行向单文件组件中添加额外功能、第三方组件或 CSS 样式，与传统 Vue 项目工程开发保持一致即可。

### 4.1.2　构建 UMD 规范

通用模块定义规范（Universal Module Definition，UMD）将 AMD、CMD、CommonJS 规范集于一身，本身没有特定的专有规范。其作用是保证一个代码模块在上述三种 JavaScript 模块规范中都可正常运行。所以，遵守 UMD 规范的写法就可以保证同一个

JavaScript 包可以运行在浏览器端、服务端。

为了同时满足三种规范，UMD 规范生成的模块代码可能有点复杂。为了帮助读者快速掌握 UMD 规范，我们将通过完整的案例对其进行说明。准备一个自执行函数功能代码块，如下所示：

```
(function (factory) {
  window.moduleA = factory()
}(funtion() {
  return {}
}))
```

在上面的代码中，我们自定义了一个匿名函数，通过 factory 参数将其传递给了自执行函数。在自执行函数内部，我们很轻易地通过形参的方式访问了这个匿名函数，最终把它挂载至全局对象上。

我们可以把 factory 对象通过各模块的规范包装后，挂载至预设的目标对象上，然后在匿名函数上新增 global 参数，作为对象的全局挂载目标，完整代码如下：

```
(function (global, factory) => {
  // 判断全局环境是否支持 AMD 标准
  if (typeof define === 'function' && define.amd) {
    // 定义 AMD 模块
    define(["moduleA"], factory);
  }
  // 判断全局环境是否支持 CommonJS 标准
  else if (typeof exports === 'object') {
    // 定义 CommonJS 模块
    let moduleA = require("moduleA")
    modules.exports = factory(moduleA)
  } else {
    // 将模块挂载至 global，self 默认为浏览器 window 对象
    // self === window
    global.moduleA = factory(global.moduleA)
  }
}) (self !== undefined ? self : this, (moduleA) => {
  // 自定义模块的执行内容
  return {}
})
```

在大多数情况下，我们并不希望将模块直接挂载到全局环境中，因此会选择动态传递挂载对象，以便进一步扩展代码。webpack 在编译 UMD 模块时可设置导出对象为 out.globalObject。

```
global  ->  self != undefined ? self :this
```

回归正文，vue sfc 组件构建符合 UMD 规范的模块有两种方案。

第一种方案，使用通过简单配置就可构建的 webpack。配置代码如下：

```
// webpack.config.js
const VueLoaderPlugin = require("vue-loader/lib/plugin");
const path = require("path");
module.exports = {
  entry: "./code.vue", // 编译 vue 文件的路径
  plugins: [new VueLoaderPlugin()],
  module: {
    rules: [
      {
        test: /\.vue$/,
        loader: "vue-loader"
      }
    ]
  },
  externals: {
    vue: "vue"
  },
  output: {
    filename: "moduleA.umd.min.js",
    path: path.resolve(__dirname, "dist"),
    library: "moduleA",   // 导出 js 对象的名称
    libraryTarget: "umd", // 导出对象的规范
    libraryExport: "default",
    globalObject: "typeof self !== 'undefined' ? self : this" // 挂载对象
  }
};
```

第二种方案，通过 @vue/cli 命令，很方便地将 vue sfc 组件以符合 UMD 规范的模块形式导出，示意命令语句如下：

```
vue-cli-service build --target lib --name moduleA ./code.vue --formats umd-min
```

详细导出命令见官网：https://cli.vuejs.org/guide/build-targets.html#library。

如有额外的 webpack 配置需求，例如使用 less 语法、设置 sourceMap 等，可在 vue.config.js 文件中进行配置。另外，@vue/cli 内置的 build 构建导出命令，在底层同样使用了 webpack 的能力，下面是构建逻辑的配置部分截取。

```
// @vue/cli-service/lib/commands/build/resolveLibConfig.js 截取部分所示
rawConfig.output = Object.assign(
  {
    library: libName,
    libraryExport: isVueEntry ? "default" : undefined,
    libraryTarget: format,
    // preserve UDM header from webpack 3 until webpack provides either
    // libraryTarget: 'esm' or target: 'universal'
    // https://github.com/webpack/webpack/issues/6522
    // https://github.com/webpack/webpack/issues/6525
    globalObject: `(typeof self !== 'undefined' ? self : this)`
  },
```

```
    rawConfig.output,
    {
      filename: `${entryName}.js`,
      chunkFilename: `${entryName}.[name].js`,
      // use dynamic publicPath so this can be deployed anywhere
      // the actual path will be determined at runtime by checking
      // document.currentScript.src.
      publicPath: ""
    }
);
```

## 4.1.3　构建微组件基座

浏览器中如何动态使用 umd.js 组件呢？下面揭开线上渲染的奥秘，为大家介绍微组件基座的构建。

通过上一节中的方法完成文件导出后，我们先将 umd.js 打开进行查看：

```
(function (e, t) {
  'object' === typeof exports && 'object' === typeof module ?
    module.exports = t() : 'function' === typeof define && define.amd ?
      define([], t) : 'object' === typeof exports ?
        exports['moduleA'] = t() : e['moduleA'] = t()
})('undefined' !== typeof self ? self : this, function () {
  return function (e) {
    var t = {};
    //  ...
    //  ...
  })["default"]
})
// #sourceMappingURL=moduleA.umd.min.js.map
```

学习了 UMD 规范之后，我们直接查看编译后的 UMD 模块代码，找到其中的关键代码：

```
"undefined" !== typeof self ? self : this;
```

该代码正是将 vue sfc 组件编译成 UMD 规范时配置的 output.globalObject 变量。还记得上方配置的 output.library 导出 JavaScript 对象的名称吗？通过设置 output.library 选项，将组件导出的对象命名为 moduleA：

```
'object' === typeof exports ? exports['moduleA'] = t() : e['moduleA'] = t()
```

接下来可以利用 new Function 构建一个函数的执行沙箱环境，巧妙地将 output.globalObject 中的 self 对象篡改，将内部的 moduleA 组件对象挂载至准备好的目标对象上。

```
function getRemoteComponent () {
  // 在线获取组件的 umd 文件
  let data = await fetch("http://localhost:8080/moduleA.umd.min.js");
```

```
    let mode = {};

    // 通过 new Function 方式执行 js 字符串
    // 此时内部的 self 变量，被外部变量 mode 代替，成功将组件对象导出
    new Function("self", `return ${await data.text()}`)(mode);

    // 获取最终的组件对象
    return mode.moduleA
}
```

通过上述的方法，我们远程获取组件文件，并成功导出了最终的 Vue 组件对象。那么我们如何将该对象渲染至工程呢？我们需要用到 Vue 内置的 component 组件对远程组件进行在线渲染。了解 Vue 的读者或许知道，Vue 模板会编译为 render 函数，并在浏览器环境中执行。

```
<!-- remoteComponent 挂载至 data 中 -->
<component :is="remoteComponent" />
```

上方的 Vue 模板代码会被转换成下方的 render 函数。此时我们仔细观察组件对象 vm.remoteComponent，它被作为参数传入了 $createElement 方法。

```
function render () {
  var _vm = this;
  var _h = _vm.$createElement;
  var _c = _vm._self._c || _h;
  return _c(_vm.remoteComponent, {
    tag: "component"
  })
}
```

通过阅读 Vue 源码，我们得知 vm.$createElement 方法最终调用的是 createElement 方法。Vue 源码截取如下：

```
vm.$createElement = function (a, b, c, d) {
  return createElement(vm, a, b, c, d, true);
};
```

Vue 的官方文档，详细介绍了 createElement 方法。复制并快速浏览该方法，发现该方法的第一个形参支持传入 HTML 标签名、组件选项对象和可返回 Promise.resolve 前两者对象的函数。

```
// @returns {VNode}
createElement(
  // {String | Object | Function}
  // 一个 HTML 标签名、组件选项对象，或者解析了上述任何一种的一个 async 函数，必填项。
  //   'div',

  // {Object}
```

```
// 一个与模板中 attribute 对应的数据对象。可选。
{
  // ( 详情见下一节 )
},

// {String | Array}
// 子级虚拟节点 (VNodes)，由 `createElement()` 构建而成，
// 也可以使用字符串来生成 " 文本虚拟节点 "，可选。
[
  ' 先写一些文字 ',
  createElement('h1', ' 一则头条 '),
  createElement(MyComponent, {
    props: {
      someProp: 'foobar'
    }
  })
]
)
```

既然 createElement 可以传入组件对象，那么我们可以直接将之前导出的 remoteComponent 对象手动传入。最终，远程构造的组件成功渲染至目标基座工程中，完整的基座代码如下：

```
<template>
  <!-- remoteComponent 挂载至 data 中 -->
  <component :is="remoteComponent" v-if="remoteComponent"/>
<template>

<script>
export default {
  data () {
    return {
      remoteComponent: null
    }
  },
  methods: {
    // 远程加载组件，自行选择加载时机
    async getRemoteComponent () {
      let data = await fetch("http://localhost:8080/moduleA.umd.min.js");
      let mode = {};
      new Function("self", `return ${await data.text()}`)(mode);
      return mode.moduleA
    }
  }
}
</script>
```

总结一下，我们通过将本地编写的 vue sfc 组件编译为 UMD 规范的 JavaScript 文件，以远程的方式拉取到基座工程，再通过 new Function 方法将组件对象赋值于动态组件的 is 属性，最终完成组件提取和远程装载。这就是微组件方案的微型版本，整体方案对 vue sfc

组件也并没有进行修改和限制，因此，在不改变开发习惯的前提下，微组件构建是在减少彼此依赖、减少开发和维护成本的基础上进行的。读者可自行在本地进行尝试，感受组件与平台分离的魅力。

通过微组件机制，我们成功地实现了将前端业务和基础平台系统解耦的目标，为活动中台可被第三方业务定制打下了坚实的基础，也是一切可能的开始。vivo 的微前端方案远不止微组件这一项，还有更多的业务场景挑战，下一节笔者将会和读者一起探讨，如何更加完善地设计微组件之间的通信状态。

## 4.2　微组件状态管理

上一节我们介绍了微组件的实现，帮助读者更好地理解了微组件的特性。热插拔机制允许微组件即插即用，并且组件效果和组件配置是分离的，使其可以更灵活地满足配置方案。微组件是非常抽象的页面单位，最大限度地提高了开发效率，减轻开发人员负担。

当将微组件投入生产时，会出现许多组件协作的应用场景。例如，用户加入游戏获得游戏积分，然后通知集卡组件获得积分兑换的抽卡次数，完成抽卡后需要再次通知游戏组件更新可玩次数。此活动场景涉及大量组件的协作和数据共享。

如果将活动视为小型前端系统，微组件就只是系统的基本元素，那么此时有一个非常重要的元素不可忽略，那就是微组件之间的连接。在微组件构造规范中，微组件的数据状态管理是通过数据状态层执行的。本节重点介绍微组件与组件之间的状态管理。

### 4.2.1　传统 EventBus 方案

组件间通信的最简单解决方案是实现一个集中的事件处理中心，来存储组件内的订阅者，并在需要协作时通过自定义事件通知订阅者。payload 参数信息可以包含在通知中，以达到数据共享的目的。

实际上，Vue 本身具有自己的自定义事件系统，而且 Vue 本身的自定义事件也是基于此来实现的，具体用法请参阅 Vue 官方文档。为了减小最终工程的体积大小，我们直接引入 Vue 自身实现的 EventBus 机制，无须引入任何其他依赖项，代码如下：

```
const vm = new Vue()
// 注册订阅者
vm.$on('event-name', (payload) => {/* 执行业务逻辑 */})
// 注册订阅者，执行一次后自动取消订阅者
vm.$once('some-event-name', (payload) => {/* 执行业务逻辑 */})
// 取消某事件的某个订阅者
vm.$off('event-name', [callback])
// 通知各个订阅者执行相对应的业务逻辑
vm.$emit('event-name', payload)
```

在实践中我们发现，基于 EventBus 的数据状态管理模式的优点是代码实现方式简单，设计易于理解，以简单的方法实现组件间的解耦，将组件间的强耦合变成对 EventBus 的弱耦合。当然，该解决方案也有一些缺点，因为业务逻辑分散在多个组件订阅者中，所以业务逻辑的处理变得碎片化，缺乏一致的上下文。在阅读和维护代码时，我们需要在代码中不断寻找订阅者，导致业务流程理解上的中断和注意力的分散。

考虑到 EventBus 架构设计上的缺点，我们需要实现一套可视化机制，通过对代码的抽象语法树的分析，提取订阅者和发送者的信息，可视化地显示它们之间的关联关系，帮助开发者快速理解问题。我们通过前置脚本，解决复杂业务难以维护、难以理解的问题，但是也带来一些风险点，如需要暴露全局对象，有被覆盖或者被修改的风险。在改进了 EventBus 的前置脚本之后，我们越来越意识到，Vuex 是我们需要的状态管理模式。

## 4.2.2 天然的解决方案 Vuex

Vuex 是一款兼容 Vue 的通用状态管理框架，底层基于 Vue 的响应式数据特性来实现，保持了和 Vue 相同的数据处理能力。它的特点是使用集中式存储管理所有组件的状态，并以相应的规则保证状态以一种可预测的方式发生变化，支持动态注册 store。熟悉 Vue 的开发者可以快速掌握 Vuex，学习成本比较低。Vue 官方还发布了 devtools extension 和 time-travel 调试工具等，帮助开发者梳理数据可预测的变化。

我们通过三个步骤将 Vuex 支持添加到微组件中。

### 1. 基座工程安装 Vuex
基座工程是负责拉取微组件的工程，开发者可通过 Yarn 或 NPM 安装 Vuex，并创建 store 对象文件，最后在工程入口添加 Vuex 的引用。示例如下：

```
# install vuex
yarn add vuex -S
```

在基座工程中创建 store 对象文件：

```
// store/index.js
import Vue from 'vue'
import Vuex from 'vuex';
Vue.use(Vuex)

export default new Vuex.Store({
  state () { },
  getters: {},
  mutations: {},
  actions: {},
})
```

将上面创建的 store 对象注入顶层的 Vue 对象，所有 Vue 组件就可以通过 this.$store 获取顶层的 store 对象了。另外，Vuex 还提供了许多工具类方法 (mapState、mapActions、mapGetters、mapMutations) 来进行数据共享和协同。

```
// main.js
import { store } from './store'
new Vue({
  // 注入 store
  // 在 Vue 管理的 Vue 对象中，都可以通过 this.$store 来获取
  store,
})
```

### 2. 使用 Vuex 开发微组件

设计器在渲染组件时会将组件状态共享到顶层的 store 中，这样微组件就具备了独立 store 状态管理。为了防止组件 store 冲突，开发者会利用命名空间实现模块的状态隔离，一般在微组件的 beforeCreate 生命周期方法内，通过 Vuex 的 registerModule 动态完成 store 的注册。

我们希望开发者在业务开发时，仅需关注效果的还原和业务逻辑的完成，所以在通用可视化方案中通过抽取公共 StoreMixin 来简化这一过程，自动开启 namespaced:true，并针对当前的微组件的命名空间进行扩展，代码如下：

```
// @vivo/smartx
// store-mixn.js
export default function StoreMixin (ns, store) {
  return beforeCreate() {

    // 保证命名空间唯一性
    // 开发者可以通过函数生成唯一的命名空间
    // 框架可以生成唯一的命名空间
    const namespace = isFn(ns) ? ns(this) : gen(ns)
    this.$ns = namespace
    store.namespaced = true
    this.$store.registerModule(namespace, store)

    // 扩展快捷方法和属性
    this.$state = this.$store.state[namespace]
    this.$dispatch = (action, payload) =>
      this.$store.dispatch(`${namespace}/${action}`, payload)
      this.$getter = //...
      this.$commit = //...
  }
}
```

因为同一个微组件会在设计面板中被重复加载多次，会导致相同命名空间的 store 模块重复加载导致模块覆盖。那么，如何保证命名空间的唯一性呢？

我们在上述 StoreMixin 中进行命名空间注册的时候，判断是否存在相同的命名空间，如果有就对命名空间做一次重命名。比如在已经注册了 hello 为命名空间的 store 时，再次注册命名空间为 hello 时，名称会自动变成 hello1 以进行区分。简单的算法实现如下：

```javascript
// @vivo/smartx
// gen.js
// 生成唯一的命名空间
const g = window || global
g.__namespaceCache__ = g.__namespaceCache__ || {}

/**
 * 生成唯一的 moduleName，同名默认自动增长
 * @param {*} name
 */
export default function genUniqueNamespace (name) {
  let cache = g.__namespaceCache__
  if (cache[name]) {
    cache[name].count += 1
  } else {
    cache[name] = {
      count: 0,
    }
  }
  return name + (cache[name].count === 0 ? '' : cache[name].count)
}
```

微组件中的 store.js 代码与传统工程开发无异，可参考上述代码案例。下面是微组件的 code.vue 引用 store 的方式，hello 是我们为 store 手动声明的命名空间。

```vue
// code.vue
// 组件对外的入口模块
import store from './store'
export default {
  mixins: [
    StoreMixin(
      /* namespace */
      'hello',
      /* 组件的 store */
      store
    )
  ]
}
```

另外，开发者可以通过 StoreMixin 传递自定义函数来生成唯一的命名空间标识，比如根据 vue-router 中的路由动态参数来设置命名空间，代码如下：

```
export default {
  mixins: [
    StoreMixin(
      (vm) => vm.$router.params.spuId),
    store
  ]
}
```

假如既定的 hello 被 StoreMixin 重命名为 hello1，那 Vuex 的 mapState、mapMutations 等方法中，就需要精确传递命名空间才能获取组件内 store 的上下文。动态命名空间会为开发者带来不确定性的困扰，问题代码如下：

```
// code.vue
export default {
  mixins: [StoreMixin('hello', store)],
  computed: {
    ...mapGetters('hello', [
      /* hello namespace store getter */
    ]),
    ...mapState('hello', [
      /* hello namespace state property */
    ]),
  },
  methods: {
    ...mapActions('hello', [
      /* hello namespace actions method */
    ]),
    ...mapMutations('hello', [
      /* hello namespace mutations method */
    ]),
  },
}
```

如何解决动态命名空间的问题？首先我们想到的是在 StoreMixin 中将命名空间设置在 Vue 的 this.$ns 对象上，这样被 StoreMixin 混入的组件就可以动态获取命名空间了。

```
// @vivo/smartx
// store-mixn.js
export default function StoreMixin (ns, store) {
  return beforeCreate() {
    // 保证命名空间唯一性
    const namespace = gen(ns)
    // 将重命名后的命名空间挂载到当前 Vue 对象的 $ns 属性上
```

```
    this.$ns = namespace
    //...
  }
}
```

虽然可以在组件内通过 this.$ns 获取组件中的 store 的命名空间，但此刻的 this 对象就不再是当前的 Vue 实例了，this.$ns 指向 undefined。JavaScript 有很多函数式编程的特点，函数可以作为参数值等进行传递，函数除了具有值特性外，还有一个很重要的特性就是惰性计算。基于这样的思考，我们对 mapXX 方法进行扩展，使其支持动态的命名空间。然后在 mapXXX 法中，得到的 vm 对象就是当前的 Vue 组件实例，从而获取真正的组件命名空间，代码如下：

```
// code.vue
export default {
  computed: {
    ...mapGetters((vm) => vm.$ns, [
      /* hello namespace store getter */
    ]),
    ...mapState((vm) => vm.$ns, [
      /* hello namespace state property */
    ]),
  },
  methods: {
    ...mapActions((vm) => vm.$ns, [
      /* hello namespace actions method */
    ]),
    ...mapMutations((vm) => vm.$ns, [
      /* hello namespace mutations method */
    ]),
  },
}
```

有经验的读者可能会发现其中的问题，this.$ns 只能在引入 StoreMixin 的组件内获取到，那 code.vue 或 prop.vue 中的子组件如何获取父组件的命名空间？

此时我们可以借助 Vue 的 mixin 体系，设计全局 mixin，在组件创建的时候判断父组件有没有 $ns 对象，如果存在就将当前的组件的 $ns 设置为与父组件一致，如果没有就跳过，核心代码实现如下：

```
function injectNamespace (Vue) {
  Vue.mixin({
    beforeCreate: function _injectNamespace () {
      const popts = this.$options.parent;
      if (popts && popts.$ns) {
        this.$ns = popts.$ns;
        const namespace = this.$ns;

        // 为组件扩展快捷方法和属性
```

```
        this.$state = this.$store.state[namespace]
        this.$dispatch = (action, payload) =>
          this.$store.dispatch(`${namespace}/${action}`, payload)
        this.$getter = //...
          this.$commit = //...
        }
      }
    });
  }
// main.js
Vue.use(injectNamespace);
```

最终，子组件会默认获取父组件设置的命名空间。

只有风格与官方保持一致，才能更好地把 Vuex 融入微组件体系中。我们用一个完整的案例来结束本章。

微组件目录结构如下：

```
──── component-demo
├──── code.vue
├──── text.vue
├──── store.js
├──── setting.json
└──── package.json
```

store.js 代码示例：

```
export default {
  state () {
    return {
      mott: 'hello vue'
    }
  },
  mutations: {
    changeMott (state) {
      state.mott = 'hello vuex'
    },
  },
}
```

code.vue 代码示例：

```
<template>
  <Text></Text>
</template>

<script>
import { StoreMixin } from '@vivo/smartx';
import store from './store';
import Text from './text.vue';
```

```
export default {
  mixins: [StoreMixin('hello', store)],
  components: {
    Text
  }
}
</script>
```

text.vue 子组件通过 mapState 自动获取了当前的命名空间。

```
<template>
  <div @click="changeMott">{{ mott }}</div>
</template>
<script>
import {
  mapState,
  mapMutations
} from '@vivo/smartx';
export default {
  computed: {
    ...mapState(['mott']),
  },
  methods: {
    ...mapMutations(['changeMott']),
  },
}
</script>
```

开发者要按照标准的 Vuex 方式进行开发。smartx 方案给开发者带来了最小概念的用法负担。不过，只要掌握了核心方案的解决思路，我们也可以将 smartx 方案直接融入基座中，让微组件开发与正常组件开发的差别减少，这正是架构设计的目的——让简单的事情变得更加简单，让不可能的事情变得可能。

# 4.3 微组件基座设计

微组件基座方案是通用可视化技术方案最重要的核心技术，因为单纯地拉取微组件至普通工程进行渲染展示，存在太多的弊端，会面对例如组件冲突、如何设计通信、如何性能调优等各种问题。本章节为读者讲解，如何设计一个可承载各种场景下的微组件的完美的基座。

## 4.3.1 组件沙箱

微组件远程加载渲染至设计器中，如果不进行隔离，组件与平台将不可避免地出现不兼容的问题，通常问题发生于样式覆盖、事件冲突两方面。

**样式覆盖**是指对同一个样式表进行优先级、权重不同的渲染，会导致组件自身样式与平台样式互相覆盖。例如组件通过标签选择器修改字体颜色，设计器元素标签字体颜色也会受到影响；或者设计器的公共样式影响组件的元素展示，导致组件在开发环境下与设计器中显示的 UI 效果不一致。

**事件冲突**是组件与设计器逻辑层在同一个对象上挂载了相同的触发事件，例如点击页面关闭弹层的场景，用户点击设计器的任意地方也会触发组件事件，执行脚本报错，导致设计器不再可用。我们可以严格要求组件的开发规范，但在页面跳转逻辑正常的情况下出现冲突，例如用户点击组件的跳转链接能力，设计器直接跳出，这会带来灾难性的配置问题。为了不限制微组件能力，又避免组件与设计器的冲突，我们需要为微组件热加载能力准备沙箱环境。

沙箱的概念类似虚拟系统，它提供了独立、完整的运行环境，其内部的所有操作不会对外部宿主系统产生影响。浏览器中常见的沙箱环境是 `<iframe/>` 标签，通过指定标签的 src 路由地址，来加载指定的外部链接。悟空的设计面板区域就是围绕 `<iframe/>` 标签构造的沙箱环境，组件的加载绝对独立，不会影响整体设计器的功能。

有开发经验的读者会想到 Shadow DOM 解决方案，实际上该方案无法对全局样式、事件实现真正的隔离。在下面的 Shadow DOM 案例的代码中，P 标签的颜色会被全局样式覆盖，另外点击 P 标签会触发两次点击事件，与我们理想中的沙箱环境存在差异。

```html
<body>
  <!-- 构建 Shadow DOM -->
  <script type="text/javascript">
    var demo = document.createElement('div');
    var shadowRoot = demo.attachShadow({ mode: 'open' });
    var element = document.createElement('p');
    element.innerText = 'Shadow DOM';
    element.addEventListener('click', function () {
      alert(element.innerText) // 点击 P 标签
    })
    shadowRoot.appendChild(element);
    document.documentElement.appendChild(demo)
  </script>

  <!-- 全局样式 -->
  <style type="text/css">
    * {
      color: red;
    }
  </style>

  <!-- 全局事件 -->
  <script type="text/javascript">
    document.documentElement.addEventListener('click', function () {
      alert('hello')
    })
```

```
  </script>
</body>
```

通用可视化方案在沙箱技术的探索也不是一帆风顺的，因为 iframe 方案必然会带来微组件的效果层与配置层的跨 iframe 通信问题。在可视化技术摸索的前期，微组件一直采用窗口 postMessage 的方案进行数据通信。

```
otherWindow.postMessage(message, targetOrigin, [transfer]);
```

postMessage 方案的原理是结合 Vue 中 watch 方法监听配置层的数据变化，将数据通过postMessage 传递给编辑器的 iframe 环境，即效果层。然后在 iframe 监听 postMessage 中的事件，一旦监听到数据变化，则数据状态更新同步。通过该方案，我们可以实现跨沙盒的组件状态管理，但这个方案的缺点也非常明显，尤其是在配置复杂时，数据合并赋值的操作性能会降低。另外，由于数据传输是双向的，一旦发生问题很难定位问题产生的原因。

在此期间，通用可视化的微组件渲染方案发生过更新。在原先的版本中，配置层与设计器同处一个 HTML 文档，因为业务需求的复杂度提升，导致配置层更加复杂，最终升级为配置层也需要使用 iframe 进行沙箱隔离。在这种情况下，postMessage 方案会变得更加复杂，如图 4-1 所示。

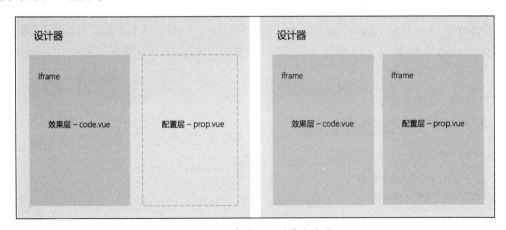

图 4-1  设计器配置层模式演进

经过实践，我们最终确认了微组件状态管理方案——以 Vuex 为核心的跨 iframe 的数据管理方案。例如，父窗口暴露 store 对象给子 iframe 访问，在子窗口中获取数据，此时能保持数据的响应式吗？代码如下：

```
<!-- code.vue -->
<!-- 运行在 iframe 中 -->
<template>
  <div>{{ title }}</div>
</template>
```

```
<script>
export default {
  computed: {
    title () {
        //  store 子页面获取父页面的 store 对象
        // 能不能保证响应式 ?
        return __store__.state.title
    }
  }
}
</script>
```

通过测试发现，上述代码并不能保持数据的响应式。为什么 iframe 会中断 Vuex 的响应式数据呢？因为在 Vue 组件初始化时，Vue 会通过 observe 和 defineReactive 等一系列操作把 data 和 props 的每个属性变成响应式数据。其中，defineReactive 函数是对数据进行双向绑定的核心函数。defineReactive 函数内部先实例化一个 Dep 对象（Dep 是连接数据与 Watcher 的桥梁，同时也是收集和存储 Watcher 的容器），然后通过 Object.defineProperty 改写数据字段的 get 函数和 set 函数。当我们访问 data 数据时候，get 函数被触发。get 函数内部和 set 函数内部都引用了 defineReactive 中 Dep 对象。

通过阅读 Vue 源码我们可以发现，由于 iframe 的存在，父窗口的 Dep.target 获取值为 null，导致父 Dep 对象收集不到子 iframe 中的 Watcher，阻断了响应。那在 iframe 沙箱模式下，父子页面的 store 该如何进行通信呢？本节将为大家讲解 iframe 中的 store 在 Vue 单页和多页架构下的最佳解决方案。

### 1. 单页下的奇思妙想

我们先准备以下的文件目录结构，每个文件的作用稍后会进行阐述。

```
──  demo
├──  iframe-main.vue
├──  iframe-content.vue
├──  design-page.vue
└──  main.vue
```

main.vue 文件是工程主入口。我们在 main.vue 文件中引入 iframe-main.vue，再在该文件内容引入了 iframe 标签，并将 src 路由指向一个 ifame-content.vue 组件（路由自行配置）。我们为 iframe 准备了 load 来加载事件，其逻辑很简单——通过调用 iframe 子窗口暴露的 _render_ 方法实现。注意，此时我们传入了当前的 Vue 对象和 Vuex store 对象。

```
<!-- iframe-main.vue -->
<template>
  <iframe ref="iframe" src="/content" @load="load"></iframe>
</template>
<script>
import Vue from "vue";
export default {
```

```
  methods: {
    load () {
      this.$refs.iframe.contentWindow.__render__({
        Vue,
        store: this.$store
      })
    }
  }
}
</script>
```

观察 iframe 子页面的内容，其实只渲染了干净的 div 节点。在组件进行到 beforeCreate 生命周期时，Window 全局挂载了 _render_ 方法。该方法接收了 Vue 对象和 Vuex store 对象，用于将设计器组件 <DesignPage/> 渲染挂载至刚才的干净的 div 节点上。至此，我们实现了设计器与父窗口共用同一个 Vue 对象和 Vuex store 数据状态。

```
<!-- iframe-content.vue -->
<template>
  <div ref="iframe"></div>
</template>

<script>
import DesignPage from './design-page'
export default {
  beforeCreate () {
    window.__render__ = ({ Vue, store }) => {
      new Vue({
        store,
        render () {
          return <DesignPage />;
        }
      }).$mount(this.$refs.iframe)
    }
  }
}
</script>
```

有 Vue 开发经验的读者会发现问题，如果 Vue 在父类挂载了 filters、directives 等扩展对象，那子页面的 Vue 也会受到影响。所以我们要将父类的 Vue 对象进行处理，隔离出干净的 Vue 对象，实现代码如：

```
/**
 * sandbox-vue.js
 * 因 iframe 的 Vue 与父窗口的 Vue 共享
 * clone Vue
 * 重置 iframe 的 components、filters、directives，防止与父类对象发生冲突
 */
import Vue from 'vue'
```

```
Function.prototype.$$clone = function () {
  let that = this;
  function SandboxVue () {
    return that.apply(this, arguments);
  };

  SandboxVue.prototype = Object.create(this.prototype);
  SandboxVue.prototype.constructor = SandboxVue;

  for (var key in this) {
    if (Object.prototype.hasOwnProperty.call(this, key)) {
      if (key === 'options') {
        SandboxVue[key] = {
          ...this[key],
          components: Object.create(this.options.components),
          destroyed: [],
          mounted: [],
          filters: Object.create(this.options.filters),
          directives: Object.create(this.options.directives),
          _base: SandboxVue
        }
      } else {
        SandboxVue[key] = this[key];
      }
    }
  }
  return SandboxVue;
};

export default function sandboxVue () {
  return Vue.$$clone()
}
```

再将 iframe-main.vue 导入 Vue 的代码进行修改。

```
import Vue from "vue";
// 修改为
import SandboxVue from "./sandbox-vue.js";

// Vue 传入修改
this.$refs.iframe.contentWindow.__render__({
  Vue: SandboxVue(),
  store: this.$store,
})
```

虽然我们已经完美地实现了组件隔离，并且共享了 Vue 与 store，但是读者会发现通过该方式隔离出来的 iframe 其实并不纯粹。由于我们开发的是单页应用，每次子 iframe 渲染都会将页面资源重新请求加载。并且这种方法隐藏着致命问题，如果微组件代码中直接导入了 Vue 就会出现 Vue warn 警告。

单页方案已经可以满足普通场景的诉求，但要彻底解决上述问题，为开发者提供一个纯粹的微组件开发环境，还需要我们对该方案进行终极探索。

### 2. 多页的终极方案

我们希望隔离出的 iframe 是一个纯粹的环境，不附带额外的资源加载，并且还希望可以共用同一个 Vue、Vuex store 对象，满足通信的场景。

准备好文件目录，稍后对每个文件的作用进行阐述。

```
──  App.vue
├───  pages
│    ├───  editor
│    │    ├───  index.js
│    │    └───  polyfill.js
│    ├───  home
│    │    ├───  index.js
│    │    └───  polyfill.js
├───  router
│    └───  index.js
├───  store
│    └───  index.js
└───  views
     ├───  alias
     │    └───  vue.js
     ├───  design-page.vue
     ├───  iframe-main.vue
     └───  sandbox-vue.js
```

这个目录看起来比单页架构复杂了很多，但梳理后读者可以发现，多页远比单页更简单和可靠。我们先在 vue.config.js 中进行多页配置，配置代码如下：

```
module.exports = {
  pages: {
    home: {
      entry: "src/pages/home/index.js",
      template: "public/index.html",
      filename: "index.html",
    },
    editor: {
      entry: "src/pages/editor/index.js",
      template: "public/editor.html",
      filename: "editor.html",
    }
  }
};
```

多页架构的核心原理就隐含在两个页面的入口 js 中，我们先看父类 iframe 的主入口代码。当我们将 home/index.js 引入 Vue 时，选择从 vue/dist/vue.esm.js 中导入，而非直接导入 Vue，随后该文件导入了上文讲解的 SandboxVue 对象：

```
// src/pages/home/polyfill.js
import Vue from "vue/dist/vue.esm";
import SandboxVue from "@/views/sandbox-vue.js";

// top
if (window.parent === window) {
  window.Vue = Vue;
  window.SandboxVue = SandboxVue;
}

// src/pages/home/index.js
import "./polyfill";
import App from "@/App.vue";
import router from "@/router";
import store from "@/store";
window.__store__ = store;

// 入口引入 ElementUI
import ElementUI from "element-ui";
import "element-ui/lib/theme-chalk/index.css";
window.Vue.use(ElementUI);

new window.Vue({
  router,
  store,
  render: (h) => h(App),
}).$mount("#app");
```

再观察子页面代码，原来我们篡改了顶层的 Vue 对象，让子类的 Vue 渲染对象来源于父类。

```
// src/pages/editor/polyfill.js
window.Vue = window.top.SandboxVue();
window.store = window.top.__store__;

// src/pages/editor/index.js
import "./polyfill";
// 设计器主体
import DesignPage from "@/views/design-page.vue";

new window.Vue({
  store: window.store,
  render () {
    return <DesignPage />;
  },
}).$mount(document.getElementById("editor"));
```

随后，我们将运行时的 Vue 对象篡改为 window.Vue 对象。此时，业务代码或 node_modules 的第三方代码依赖的 Vue 就转变为 iframe 中的 Vue 对象了，但是子应用是由父 SandBoxVue 渲染的，避免出现了 $listeners、$attrs readonly 的警告问题。

```
// 业务代码 & node_modules 代码
import Vue from 'vue';

//src/views/alias/vue.js
export default window.Vue;

//vue.config.js
config.resolve.alias.set("vue$", resolve("src/views/alias/vue.js"));
```

最终线上入口为：

```
<!-- design-iframe.vue -->
<template>
  <iframe src="/editor.html"></iframe>
</template>
```

## 4.3.2　沙箱通信

因为子设计器中的组件渲染是父类的 Vue 对象，所以全屏的弹框组件唤起，看起来就好像弹框穿越了 iframe 窗体，而不会出现弹框限制在 iframe 内部的问题。

子应用与父应用共用一个 store 对象，所以我们可以依照上述方法，利用 iframe 渲染 prop.vue。我们将 setting.json 挂载至 store 的数据节点后，再挂载至 prop.vue 与 code.vue 的 props 属性中，此时我们就完成了父与子、兄弟节点的沙箱通信。接下来，我们通过上述的多页案例，扩展演示最终的沙箱通信。整体工程结构如下：

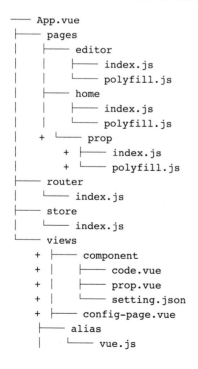

```
── App.vue
├── pages
│   ├── editor
│   │   ├── index.js
│   │   └── polyfill.js
│   ├── home
│   │   ├── index.js
│   │   └── polyfill.js
│ + └── prop
│     + ├── index.js
│     + └── polyfill.js
├── router
│   └── index.js
├── store
│   └── index.js
└── views
  + ├── component
  + │   ├── code.vue
  + │   ├── prop.vue
  + │   └── setting.json
  + ├── config-page.vue
    ├── alias
    │   └── vue.js
```

```
├── design-page.vue
├── iframe-main.vue
└── sandbox-vue.js
```

其中 views/component 中组件规范完全符合微组件规范。查看文件内容如下：

```
// setting.json
{
  "text": "同步的初始化配置"
}
```

代表配置侧的 prop.vue 内容如下：

```
<!-- component/prop.vue -->
<template>
  <el-input type="text" v-model="item.text" />
</template>


<script>
export default {
  props: ["item"]
};
</script>
```

代表 UI 层的 code.vue 内容如下：

```
<!-- component/code.vue -->
<template>
  <div>
    <div><el-input type="text" v-model="item.text" /></div>
    <br />
    <div>
      <el-select v-model="value" placeholder="请选择">
        <el-option v-for="item in options" :key="item.value" :label="item.label"
          :value="item.value"></el-option>
      </el-select>
    </div>
    <el-button type="text" @click="dialogVisible = true">打开 Dialog</el-button>
    <el-dialog title="提示" :visible.sync="dialogVisible" width="30%" :append-
      to-body="true">
      <el-time-picker placeholder="选择时间" v-model="date" style="width: 100%">
        </el-time-picker>
      <span slot="footer" class="dialog-footer">
        <el-button @click="dialogVisible = false">取 消</el-button>
        <el-button type="primary" @click="dialogVisible = false">确 定</el-button>
      </span>
    </el-dialog>
  </div>
</template>


<script>
```

```
export default {
  props: ["item"],
  data () {
    return {
      options: [
        {
          value: "选项 1",
          label: "黄金糕",
        },
        {
          value: "选项 2",
          label: "双皮奶",
        },
      ],
      value: "",
      date: "",
      dialogVisible: false,
    };
  }
};
</script>
```

第一步，我们先准备用于通信的 store 数据和主入口路由配置。

```
// store/index.js
import Vue from "vue";
import Vuex from "vuex";

Vue.use(Vuex);
// 此处将组件的 setting 取出，赋予 store
import setting from '../views/component/setting.json'
export default new Vuex.Store({
  state: {
    item: setting,
  }
});

// 路由配置 router/index.js
import Vue from "vue";
import VueRouter from "vue-router";
import iframeMain from "@/views/iframe-main.vue";
Vue.use(VueRouter);

const router = new VueRouter({
  mode: "history",
  base: process.env.BASE_URL,
  routes: [
    {
      path: "/",
      name: "iframeMain",
      component: iframeMain,
```

```
      },
    ]
});
export default router;
```

第二步，我们在主入口处，添加子应用设计器和子应用的配置面板 iframe 入口，其中多页路由配置可参考上一节，此处省略，代码如下：

```
<!-- 主入口 iframe-main.vue -->
<template>
  <div>
    <iframe src="/editor.html"></iframe>
    <iframe src="/prop.html"></iframe>
  </div>
</template>
<style>
iframe {
  border: 0;
  margin: 10px;
  height: 350px;
  box-shadow: 0 0 5px #ddd;
}
</style>
```

第三步，我们在 editor/index、prop/index 处，分别引入对设计器容器组件和配置容器组件的引用。

```
// editor/index
import "./polyfill";
import DesignPage from "@/views/design-page.vue";

// 在子应用中只引入 element-ui 的 css
import "element-ui/lib/theme-chalk/index.css";
new window.Vue({
  store: window.store,
  render () {
    return <DesignPage />;
  },
}).$mount(document.getElementById("editor")); //editor.html 预留 dom

// prop/index
import "./polyfill";
import ConfigPage from "@/views/config-page.vue";
import "element-ui/lib/theme-chalk/index.css";
new window.Vue({
  store: window.store,
  render () {
    return <ConfigPage />;
  },
}).$mount(document.getElementById("prop")); //prop.html 预留 dom
```

第四步，我们分别在设计器引入 code.vue UI 层组件，代码如下：

```
<!-- @/views/design-page.vue -->
<template>
  <div>
    <div> 设计器 </div>
    <br />
    <Componentcode :item="item" />
  </div>
</template>
<script>
import Componentcode from "./component/code.vue";
import { mapState } from "vuex";

export default {
  components: {
    Componentcode,
  },
  computed: {
    ...mapState({
      item: "item",
    }),
  },
};
</script>
```

在配置器代码中引入 prop.vue 配置侧组件，代码如下：

```
<!-- @/views/config-page.vue -->
<template>
  <div>
    <div> 配置面板 </div>
    <br />
    <Componentprop :item="item" />
  </div>
</template>
<script>
import Componentprop from "./component/prop.vue";
import { mapState } from "vuex";

export default {
  components: {
    Componentprop,
  },
  computed: {
    ...mapState({
      item: "item",
    }),
  },
};
</script>
```

至此，我们就完成了所有的演示准备，最终效果如图 4-2 所示。

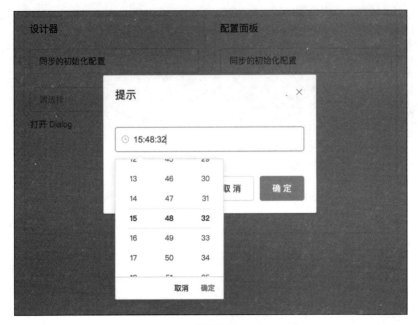

图 4-2 弹层穿越 iframe

此时若直接运行项目，element-ui 会因为下拉框弹层找不到目标 document 节点而报错，所以如果我们的弹层组件基于 element-ui，需要进行简单的修改，才能达到如下效果。这一步我们可以通过 NPM 安装 patch-package 来优雅地定制第三方组件，避免每次因重新安装项目，而丢失修改项的问题发生。

```
// node_modules/element-ui/lib/utils/popper.js
// 修复 iframe 元素弹层位置的正确性
// add function getOffsetRectRelativeToCustomParent
if (!document.body.contains(element)) {
  let frameElement = element.ownerDocument.defaultView.frameElement
  if (frameElement) {
    rect.left += frameElement.offsetLeft + elementRect.width
  }
}

// fix getStyleComputedProperty element
function getStyleComputedProperty (element, property) {
  // NOTE: 1 DOM access here
  var css = root.getComputedStyle(element.documentElement || element, null);
  return css[property];
}
```

最后，我们总结一下实现的原理。因为子应用设计器中的组件是父类的 Vue 对象进行渲染，所以给人的视觉感官是弹框穿越了 iframe 窗体，但实际上是在父类完成渲染并唤起的。另外，我们将 setting.json 挂载至顶层 store 的数据节点中，分发给 prop.vue 与 code.vue props 属性中的 item 对象，充分利用 Vuex 的特性完成了父与子、兄弟节点间的沙箱通信。

## 4.4　通用可视化中的微组件

前面我们介绍了微组件的基本原理，虽然微组件满足了组件与平台分离的基本诉求，但不适用于可视化方案。可视化场景中的组件不仅需要承担展示行为，还需要具备配置行为、数据通信、设计器通信等能力。

### 4.4.1　扩展微组件

对于微组件的不同能力要求都是来自真实的业务场景的抽象，在通用可视化方案中，我们将上述职责抽象成了五层组件逻辑结构。接下来将带领读者了解，实战场景下微组件的魅力。

（1）组件效果

组件效果负责用户侧的视觉表现和操作交互。根据效果的粒度，它通常有两种形式表现：单一形式和复合形式。组件可以是一张图片、一个按钮，也可以是轮播图、表单，甚至可以是一个完整的 H5 游戏，只要是可以在网页上呈现的元素，都可以被效果层呈现。在微组件开发规范中，组件效果对应 code.vue 文件。

（2）组件配置

组件配置就是针对组件效果的二次配置扩展，配置的类型通常分为呈现样式、触发事件。以按钮效果为例，我们可以配置按钮的呈现样式如颜色、圆角、边框等，可以配置按钮的触发事件如点击、悬浮等。只要是针对组件效果进行的配置行为都可以在配置层进行固化。在微组件开发规范中，组件配置对应 prop.vue 文件。

（3）组件数据

数据层是用于初始化配置信息和存放配置层数据的载体，在配置层生成的配置数据会存储在数据层中。初始化配置信息是指通用可视化方案为组件提供的默认行为配置功能，开发者可以通过数据预设来构建特定于组件的使用场景，例如设置可添加至设计器的次数、是否可以调整尺寸、是否可以拖动等。因此，数据层存储了该微组件所有的配置数据。在最后的保存操作中，设计器会将各组件的数据层进行收集存储。在微组件开发规范中，组件数据对应 setting.json 文件。

（4）钩子事件

钩子是处理消息的程序的一部分，它会捕捉系统的特定行为，获得当前的控制权。钩子函数既可以二次加工处理消息，也可以不做处理而继续传递消息，也可以强制终止当前的行为。钩子可以满足不同业务场景下的特殊需求，让微组件拥有更高的决策权，扩展微组件的自由度。在微组件开发规范中，钩子事件对应 hook.js 文件。

根据实际的可视化业务场景，钩子事件分为平台级、组件级两种类型。平台级钩子如保存的前后行为；组件级钩子如组件大小、位置发生变化，从设计面板中移除等。微组件的开发者都可以根据业务需要自行扩展钩子行为，例如使用者改变组件尺寸时，微组件可通过钩子进行监听，自动将内部元素的宽高按照自适应方案（系统默认）或等比缩放的方案（开发者自定义）进行处理。

（5）数据状态层

数据状态一般是指组件之间的事件通信及数据流。由于单个微组件只能完成单一职责，因此复杂的交互方案通常需要多个组件才能满足要求，此时组件的状态管理就十分必要了。例如分享后获得抽奖机会，就是典型的分享组件与抽奖组件的事件交互。数据状态层能够存储对外暴露的数据与事件，以便组件与兄弟组件、子组件进行通信。状态管理的场景可以细分为三种，微组件与微组件间的状态连接、微组件自身的状态连接、微组件与设计器间的状态连接。在微组件开发规范中，数据状态层对应 store.js 文件。

综上，我们对通用可视化中的微组件结构已经有了清晰的认知，每个微组件可以被视为纯前端项目，也符合 NPM 包工程的特点，组件的版本、名称、第三方依赖信息都存放于 package.json 文件中。以下是微组件生产环境的文件结构：

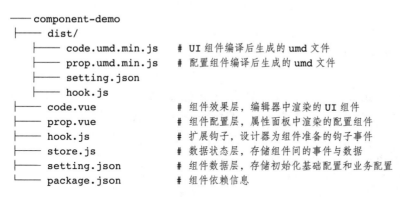

完成微组件本地开发后，我们通过 @vue/cli 命令将 Vue 文件编译成 UMD 规范存至 /dist 编译文件夹中，最后将其发布到 NPM 私服中。当用户在设计区域使用微组件时，设计器将根据组件的包名、版本，发起 HTTP 组件请求，获取对应组件的 umd.js、hook.js、setting.json，热加载到设计器中。

## 4.4.2　定制化基座

在上文说到，在通用可视化 H5 搭建领域里，微组件是构建页面的最小单位。它是所有页面元素的载体，元素无法以绝对自由的方式进行排列组合，它们天生就会有业务赋予的能力限制。因此，如何让用户快速达成配置目标，是微组件与基座共同面对的可视化挑战。

### 1. 微组件与基座的约定 open_base

以实现"回到顶部"功能的微组件为例，其功能是当页面滑动未超过一屏时隐藏自身的显示，但是超过后又重新显示于页面，用户点击该组件后，页面快速回到顶部，并且再次消失。这是一个很简单的交互功能，却给设计器的功能设计带来了很大的挑战。当组件被拖入设计器区域后，该组件应该显示在页面还是隐藏？另外，如果产品需求希望该组件被限制在页面右下角，我们如何保证运营同事不会修改其位置？还有，当组件位置被固定后，设计器多次添加该组件，会出现组件叠加覆盖问题，很容易造成页面组件冗余，那么应该如何限制该类型组件不被重复拖入？

如果用点对点的开发方式，单独处理该类型的组件，或者通过平台开放钩子进行特定操作拦截，上述问题都很容易解决。但是，这些方案无疑会对平台本身的功能和组件的开发者带来额外的负担。为解决定制化场景的通用性问题，我们开始考虑如何更好地扩展微组件能力并衔接平台开放能力。

最后经过内部调研，我们找到了最佳的设计方案，即在 setting.json 数据文件中增加 open_base 对象，再通过对基座系统的定制，便可以完成默认能力调控配置。以下是我们抽取的公共配置数据：

```
// setting.json
{
  "open_base": {
    "limitSize": true, // 是否允许组件修改大小
    "position": 1, // 1：绝对定位，2：相对定位，3：固定定位
    "limitPos": [1,3], // 预设组件可操作的定位方式，对应的内容
    "zIndex": "initial", // 组件初始化的层级
    "limitNum": 1, // 此组件同时能添加的次数
    "vertical": 1, // 1：置顶，2：居中，3：置底
    "fixLevel": 1, // 1：居左，2：居中，3：居右
    "width": 150, // 组件宽
    "height": 150, // 组件高
    "top": 200, // 绝对定位下的垂直边距
    "left": 200, // 绝对定位下的水平边距
    "bgColor":'', // 背景颜色
    "bgImg":'', // 背景图片
    "marginTop": 0, // 外上边距
    "marginLeft": 0, // 外左边距
    "marginBottom": 0, // 外下边距
    "marginRight": 0, // 外右边距
    "targetType": 1, // 1：跳转链接，2：跳转组件
    "target": '' // 点击组件跳转的目标
  }
}
```

通过上述数据格式可以看出，基座提供给微组件一系列可拓展的 json 格式配置，用来达到微组件基础配置个性化扩展的目标。

## 2. 快捷配置固化

在实际场景中，很多业务组件有多种表现形式，例如轮播组件存在单页轮播、多页轮播、异形轮播，App 下载组件存在热区模式、按钮模式、进度条模式。如果将配置项堆积在配置面板中，让用户不断调整不同的配置以搜寻最终想要的形式，用户会因为选项繁多而无从下手。为了解决该问题，基座再次扩展 open_base 的配置能力，预设了多种样式的配置。当用户选择已预设好的模式时，配置项会直接呈现最终效果，从而提升运营配置效率。

实际场景为，当用户点击应用下载组件时，我们在活动设计器中直接弹出样式面板供用户选择，具体效果如图 4-3 所示。

图 4-3　多样式选择扩展能力

预设配置的实现方法相对比较简单。第一步设计多样式数据格式，在现有的 setting.json 中扩充 vivo_base 数据格式，增加多样式数据列表。示例代码如下：

```
// setting.json
{
  "open_base": {
    "initStyle": {
      "styleList": [
        {
          "name": "热区类型",
          "code": "hotMode",
          "imgSrc": "https://zhanstatic.vivo.com.cn/wukong/xxx.jpg"
        },
        {
          "name": "图片类型",
          "code": "imageMode",
          "imgSrc": "https://zhanstatic.vivo.com.cn/wukong/xxx.png"
        },
      ],
```

```
      "defaultStyle": "imageMode"
    }
  }
}
```

在 open_base 中，initStyle 字段为整个样式预设配置的父级，基座为支撑该数据结构，在底层做了逻辑处理。当点击组件时，首先会判断当前微组件配置 initStyle，如果有并且包含 styleList 的数据，则根据数据内容直接展示样式名称和图片。

第二步根据配置样式执行对应的样式逻辑。当用户选择完样式后，基座会自动将微组件配置中 defaultStyle 赋值为用户选择的 code，传入微组件，以便在 prop.vue 中自行处理特定样式的逻辑。具体业务处理的逻辑如下。

```
<template>
  <div>
    <div v-if="defaultStyle === 'hotMode'"></div>
    <div v-else-if="defaultStyle === 'imageMode'"></div>
  </div>
</template>
```

微组件开发者可以通过动态类名的方式去扩展组件样式，平台会在点击此插件的不同样式时，读取不同的预设对象值中的 open_base。当然，这只是解决问题场景的设计思路，基座如何拦截 setting.json 的 open_base 属性从而达成配置效果呢？在前文中，我们讲解了组件沙箱的通信原理，了解到组件的配置数据 setting.json 是在组件拉取加载阶段被默认挂载至全局的 store 对象中的，所以在渲染组件配置层的环节，基座通过 store 对象，便能轻松读取到 open_base 的配置信息，从而进行相应的逻辑判断。注意，设计器基座需要在页面发布环节自动剔除 open_base 配置项，节省存储空间。

## 4.4.3  组件动画

动效是一种描述空间关系、功能和意向的一种优雅、流动的方式。当人们还在从功能机转向智能机时，移动端网站受到性能影响，不会考虑用动效来增加页面的交互性。当我们走过 4G 时代，来到现在的 5G 时代，手机性能与网速已不再是网站加载性能的瓶颈，移动端的交互性及可玩性越来越受可视化工具的青睐。在以往活动开发的形式中，动效需要先由动效工程师单独产出，再由研发工程师评估可行性，通过 CSS、Flash、Canvas 等技术产出小样，不断优化细节后，确认满足预期后才集成至活动中。

通用可视化方案中，我们定制了微组件动效模式，运营只需要配置简单、快速、直接的动效，往往能够大幅提升营销活动的互动性与可玩性。动效具备非常高的价值，能够提升用户的体验。一个合理的动效能够让客户明白营销的重点，最终实现转换率和营销效果的提升。动效价值主要有以下作用：

❑ 提升活动愉悦度，活动效果更为自然；

❑ 增加活动互动性，吸引用户注意力，强调活动重点；

❑ 突出营销层次感，提炼微组件层次关系；

❑ 引导并明确活动目的，增强感知。

优秀的动效必定具备简单、快速、明确的特点，交互动画不能让用户等待过长，也不能让用户产生疑惑，否则动画的价值没体现出来，还会带来负面效果。我们根据不同的层次和引导性，将动效分为"进入动效""强调动效""退出动效"，每个不同的模块中，整合了典型的交互动效，有淡入、淡出、移入、移出、弹入、弹出、旋转、强调等，如图 4-4 所示。

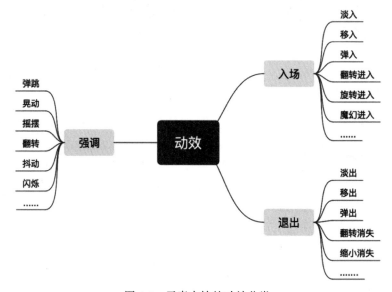

图 4-4　元素支持的动效分类

在前端还是"刀耕火种"的年代，动效往往是通过 Flash 来制作的。如今，浏览器标准越发完善，除了 Flash 动画和 JavaScript 动效脚本外，CSS3 技术正在大放异彩。CSS3 动画可以理解为从一种状态形式变化为另一种的效果，可以用百分比来规定变化发生的时间，0% 相当于动画的开始，100% 是动画的完成。微组件状态变化非常适合描述简单直接的动效，以入场动画中淡入的为例，其状态变化非常简单，状态从 0 到 1，即透明度从 0 到 1，代码如下：

```
@-webkit-keyframes fadeIn {
  0% {
    opacity: 0
  }
  to {
    opacity: 1
  }
}
```

在入场的淡入的基础上加入位置移动就可以表现出位移的入场效果，代码如下：

```
@-webkit-keyframes fadeInLeft {
  0% {
    opacity: 0;
    -webkit-transform: translate3d(-200px, 0, 0);
    transform: translate3d(-200px, 0, 0)
  }
  to {
    opacity: 1;
    -webkit-transform: none;
    transform: none
  }
}
```

我们再来看一下强调类型的动画实现方式。首先是晃动的动画实现原理，其主要是通过位置的瞬间移动、大小的重复变化来实现，以达到强调的目的。所以强调动画中间效果多，存在反复切换中间状态的过程，下方的强调代码示例就是通过奇偶状态来实现来回切换位置或者大小的。

```
@-webkit-keyframes shake {
  0%,
  100% {
    -webkit-transform: translate3d(0, 0, 0);
    transform: translate3d(0, 0, 0)
  }
  10%,
  30%,
  50%,
  70%,
  90% {
    -webkit-transform: translate3d(-10px, 0, 0);
    transform: translate3d(-10px, 0, 0)
  }
  20%,
  40%,
  60%,
  80% {
    -webkit-transform: translate3d(10px, 0, 0);
    transform: translate3d(10px, 0, 0)
  }
}
```

对 CSS3 动画编写比较了解的读者，会发现除了要定义动画的效果，还需要定义动画的属性，这样才能完成实际动画要求。CSS3 动画属性如表 4-1 所示。

表 4-1 CSS3 动画属性

| 属性 | 含义 |
| --- | --- |
| @keyframes | 规定动画 |
| animation-name | 规定 @keyframes 动画的名称 |

（续）

| 属性 | 含义 |
| --- | --- |
| animation-duration | 规定动画完成一个周期所花费的秒或毫秒。默认是 0 |
| animation-timing-function | 规定动画的速度曲线。默认是"ease" |
| animation-delay | 规定动画何时开始。默认是 0 |
| animation-iteration-count | 规定动画被播放的次数。默认是 1 |

　　用户可以用堆积的方式，实现微组件动画组合播放。采用原子性的动画配置方式，将动效配置细化到执行时间、延时播放时间、速度曲线、循环次数、正反播放方式等参数，如图 4-5 所示。

图 4-5　元素动画设置面板

　　当用户选择了动画效果后，微组件基座需要将动画标识存入微组件数据中。为方便后续扩展更多的动效，平台会维护一个模式与名称的 JSON 数据。

```
{
  "access": [
    {"name": " 淡入 ","className": "fadeIn"},
    {"name": " 向右移入 ","className": "fadeInRight"},
  ],
  "emphasize": [
    {"name": " 弹跳 ","className": "bounce"},
    {"name": " 放大 ","className": "pulse"},
  ],
  "exit": [
    {"name": " 淡出 ","className": "fadeOut"},
    {"name": " 向右移出 ","className": "fadeOutRight"},
```

```
          ]
      }
```

在用户配置动画时，相应的微组件将被添加相关的动画类，以满足动画时间、间隔和次数的个性化配置。设计器将用户配置转换成 CSS 属性，并附加到组件样式中。

动画的配置逻辑其实很简单，但每一个动画模式都能够接受细粒度的设置，当所有动画组合在一起，就可以实现惊艳的动画效果。

```
let animation = `${this.animate}
                 ${this.animateDuration}s
                 ease ${this.animationDelay}s
                 ${this.animationIterationCount}
                 normal both`
let style = { animation: animation, '-webkit-animation': animation }
```

如果微组件配置了多个动效，当用户进入活动页时，同时播放所有动效，那必然会引起页面混乱。设计器基座在设计动效播放方式时候，要考虑动画播放的时间顺序，每个微组件动效以队列的形式触发，根据播放时间公式得到下次播放的时间。

```
// 播放次数乘时长，加上延时时间
this.animationIterationCount * actions[i].duration + actions[i].delay
```

播放流程图如图 4-6 所示。将动效事件存入队列中，上一个动效播放完成后，直接播放下一个，当执行到末尾的动效事件，即可停止播放，清除 animation 事件，完成动画播放的完整周期。注意，如果某个动画配置了循环播放，那接下来的将不再向下执行后续动画，动画配置的业务中需要提醒用户该配置的风险。

在长页面的场景中，动画微组件可能不在首屏加载，当用户滑动到微组件位置时，动画可能已经播放结束了，无法达到预期效果。如何才能让微组件露出用户屏幕时才开始播放动画，保证播放效果。

设计器基座中的 IntersectionObserver 接口提供了一种异步观察目标元素与其祖先元素或顶级文档视窗交叉状态的方法。该 API 通过 threshold 选择监听露出的百分比，当露出到对应的阈值时，执行注册的函数，比如设置露出 20% 时执行动画效果，代码如下：

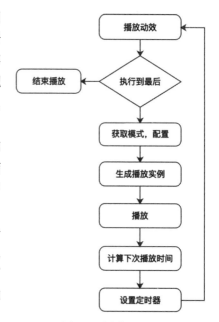

图 4-6  播放流程图

```
this.watcher = new window.IntersectionObserver
  ((entries) {
  entries.forEach((e) => {
    // 页面曝光 20% 后，如果有动画就执行，如果没有 autoReplay 就清除订阅
    if (e.isIntersecting && e.intersectionRatio >= this.threshold) {
```

```
        if (this.item.animate && this.item.animate.length > 0) {
          // 清除动画
          this.stopPlay()
          // 执行动画
          this.play(0)
        }
      }
    })
  }, {
    threshold: [this.threshold]
  })
  this.watcher.observe(this.$el.querySelector('.target'))
```

当组件播放完动画后，滑出后再次滑入窗口，如果动画没有无限播放，那么此刻并不需要去重复播放动画，所以播放完需要关闭检测机制，代码如下：

```
this.watcher.unobserve(this.$el.querySelector('.target'))
```

H5 网页的动效会使得页面更加生动、活泼，主题更突出，起到"催化剂"的作用，在给运营配置带来惊喜的同时，活动效果也更加突出。

## 4.5 热编译微组件工程

由于 H5 可视化设计器主要面向 B 端用户，vivo 研发团队在设计微组件机制之初，为了保证每个微组件的独立性和扩展性，将完整的组件依赖，包括图片、CSS 等都完整保留在编译组件包中。虽然最终单个微组件体积变大，但带来的好处很明显，微组件之间独立性极强。当用户将微组件拖入设计器可视化布局时，相同微组件只加载一次，已加载的微组件会从内存中直接获取。所以单个微组件体积变大，但是并不会给设计器带来太多的负担。

如果在 B 端追求组件资源纯粹，讲究依赖纯净，那可维护性会急剧下降，复杂度也会极大提升。我们最终需要保证面向互联网用户的 C 端活动页是以最小体积、最佳性能发布到线上的，所以 vivo 活动中台通过分布式的编译服务进行了统一编译，最终保证线上资源访问的纯粹性，不参杂冗余依赖。本节将从如何设计服务端编译工程入手，为读者讲解微组件的在线热编译的奥秘。

### 4.5.1 微组件生成活动页

vivo 可视化架构基于微组件的三层逻辑结构（UI 层、配置层、数据层），结合交互拖拽系统，对微组件进行在线动态编排，把 H5 页面的配置、组件集合、组件配置信息上传编译服务，最终在线编译生成 H5 页面。流程图如图 4-7 所示。

如果需要完成上述的页面构建流程，需要三个工程来支撑可视化发布编译的工作流。每个工程能力如表 4-2 所示。

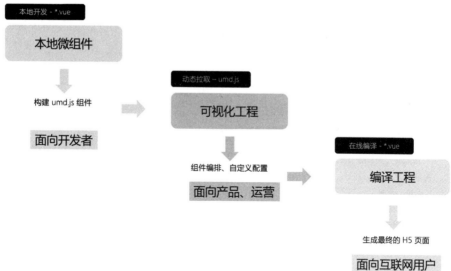

图 4-7　可视化系统流程图

表 4-2　工程能力

| 工程名 | 类型 | 作用 | 功能 |
| --- | --- | --- | --- |
| vue-h5-design | 普通 Vue 工程 | 可视化工程 – 在线服务 | 1）实时渲染微组件；<br>2）可视化组件拖拽编排、页面配置 |
| vue-h5-plugin | 普通 Vue 工程 | 编译组件 – 开发者本地 | 1）将微组件编译 UMD 格式；<br>2）推送 NPM 私服 |
| node-h5-service | node.js 工程 | 编译页面 – 在线服务 | 1）在线 webpack 编译页面 H5 包；<br>2）推送 CDN、发布 |

　　我们可以通过这三个工程完成开发本地输出组件、产品运营在线编排组件、服务端编译发布 H5。工程协作示意图如图 4-8 所示。

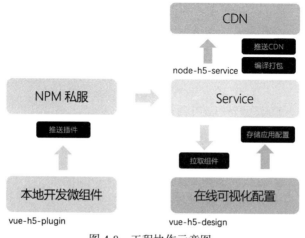

图 4-8　工程协作示意图

接下来我们介绍线下开发的微组件在线生成 H5 页面的原理。首先我们准备一个微组件，再模拟一份可视化输出页面配置。通过配置和组件，构建出我们需要的编译打包的工程。

### 1. 准备一个微组件

我们通过前文对微组件原理及入门的讲解，快速构建一个本地微组件，组件目录结构如下：

```
├── foo
│   ├── dist
│   │   ├── fooCode.umd.min.js
│   │   └── fooProp.umd.min.js
│   ├── code.vue
│   ├── prop.vue
│   ├── package.json
│   └── setting.json
```

浏览 foo 微组件内容，我们在 code.vue 中放置一张图片，同时依赖了第三方组件 axios。在 mounted 生命周期中发起在线 API 请求，并将数据显示在页面中，代码如下：

```vue
<!-- foo/code.vue -->
<template>
  <div>
    <img :src="item.src" style="width: 200px" />
    <div>
      <div>Fetch data</div>
      <textarea cols="40" rows="8" v-model="todo" style="border: 0"></textarea>
    </div>
  </div>
</template>
<script>
import axios from 'axios'
export default {
  props: ["item"],
  data () {
    return {
      todo: ''
    }
  },
  async mounted () {
    let result = await axios.get(this.item.url)
    this.todo = JSON.stringify(result.data, null, '\t')
  }
}
</script>
```

在 prop.vue 中引入 element-ui <el-input /> 组件，方便配置图片链接，代码如下：

```vue
<!-- foo/prop.vue -->
<template>
```

```
  <div>
    <el-input v-model="item.src">
      <template slot="prepend">图片地址 </template>
    </el-input>

    <el-input v-model="item.url" style="margin-top: 10px">
      <template slot="prepend">请求地址 </template>
    </el-input>
  </div>
</template>

<script>
export default {
  props: ["item"]
}
</script>
```

充当配置数据载体文件的 setting.json 的内容如下：

```
// foo/setting.json
{
  "src": "http://vivo.cn/1BtsUX",
  "url": "https://jsonplaceholder.typicode.com/todos/1"
}
```

该微组件的 package.json 的代码如下：

```
//foo/package.json
// cd foo && npm install
{
  "name": "foo",
  "version": "1.0.0",
  "dependencies": {
    "axios": "^0.21.1"
  }
}
```

使用 @vue/cli 初始化 Vue 工程，紧接着我们修改 App.vue 构建一个简单的微组件基座。为了直观了解功能原理，此处省略 iframe 隔离、Vuex 数据通信等技术。

```
<!-- App.vue -->
<template>
  <div class="box">
    <div class="title">UI 面板 </div>
    <fooCode :item="item" />
    <div class="title"> 配置面板 </div>
    <fooProp :item="item" />
  </div>
</template>

<script>
```

```
import fooCode from './components/foo/code.vue'
import fooProp from './components/foo/prop.vue'
import setting from './components/foo/setting.json'
export default {
  components: {
    fooCode,
    fooProp
  },
  data () {
    return {
      item: setting
    }
  }
}
</script>

<style>
.box {
  position: absolute;
  left: 50%;
  top: 50%;
  transform: translate(-50%, -50%);
  padding: 10px;
  width: 360px;
  height: 530px;
  box-shadow: 0 0 8px #ddd;
}
.title {
  border-bottom: 1px solid #ddd;
  padding: 0 0 5px;
  margin-bottom: 10px;
}
</style>
```

然后直接启动 @vue/cli 的调试命令，快速浏览该页面是否符合我们组件配置与组件 UI 联动的预期。实际运行效果如图 4-9 所示。

当用户完成配置，我们可以直接序列化基座 App.vue 中 data.item 的配置信息，完成用户配置存储功能。实战中序列化对象为微组件挂载的 Vuex state 对象。

### 2. 模拟输出页面配置

模拟页面配置信息，只保留了组件和组件配置信息。在实际业务中，我们还需要关注页面的属性信息，如页面背景色、高度、多页等。为方便基本原理演示，我们只关注单页下的组件信息，下列代码中数据中

图 4-9 微组件演示

packageName 字段存储的正是对应私服中 NPM 组件包名，item 是用户为组件配置的信息。

```
// data.json
[
  {
    "key": "10001",
    "packageName": "foo",
    "item": {
      "src": "http://vivo.cn/1BtsUX",
      "url": "https://jsonplaceholder.typicode.com/todos/1"
    }
  },
  {
    "key": "10002",
    "packageName": "foo",
    "item": {
      "src": "http://vivo.cn/1BtsVF",
      "url": "https://jsonplaceholder.typicode.com/todos/2"
    }
  }
]
```

### 3. 构建编译工程

构建编译工程的所有操作都是在 Node.js 服务端进行的。首先我们将 data.json 数组对象的 packageName 字段进行组件去重（防止因相同插件的配置不同，而使安装命令冗余），得到私服包的安装语句，例如：

```
npm insatll foo -S
```

再根据微组件的组成规范，构建微组件实际 UI 层代码路径，动态拼装生成组件映射对象文件 market.js，生成如下代码：

```
// market.js
import fooCode from "foo/code.vue";
export default {
  fooCode
}
```

随后，我们利用 Vue.component 方法将 market.js 的微组件进行全局注册。全局注册的好处是，在后续拼装页面组件时，无须再手动挂载组件，代码如下：

```
import market from './market.js'
// 全局注册组件
for (const key in market) {
  const element = market[key];
  Vue.component(key, element)
}
```

最后，根据整体的页面配置对象 data.json 进行最后的页面拼装。微组件可被动态编译成 H5 页面，原理是充分利用了 Vue render 函数。完整的渲染示意代码如下：

```javascript
// main.js
import Vue from "vue";
import page from './data.json'
import market from './market.js'

// 全局注册组件
for (const key in market) {
  const element = market[key];
  Vue.component(key, element)
}

new Vue({
  render: function (h) {
    return h('div',
      page.map(element => {
        return h(element.packageName + 'Code', {
          props: {
            item: element.item
          }
        })
      })
    )
  }
}).$mount('#app')
```

构建工程的流程示意图如图 4-10 所示。

完整的动态构建出工程 vue-page-complie 目录如下：

```
── vue-page-complie
├── node_modules # 通过分析 data.json 生成 npm insatll 安装依
      赖语句
│   └── foo
│       ├── dist
│       ├── code.vue
│       ├── prop.vue
│       ├── setting.json
│       └── package.json
├── data.json # 可视化系统固化的页面配置信息
├── market.js # 通过分析 data.json 生成组件集合声明对象
└── main.js # 通过 Vue 全局注册组件后，利用 render 函数构造页面
└── package.json
```

我们用最简单的工程演示了微组件聚合的构建工程原理，实际上，真实的业务和功能诉求远远不止于此，例如动态下发页面配置、组件公共属性渲染、多页支持等，这些都可以从上述例子中进行扩展。下面是从开发者的视角解析组件的流转、聚合、打包的流程，如图 4-11 所示。

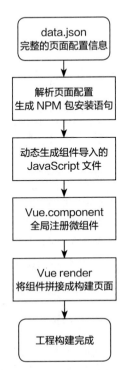

图 4-10　构建 H5 编译工程核心流程

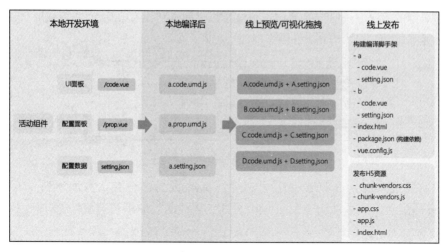

图 4-11　微组件编译 H5 页面流程图

## 4.5.2　服务端活动编译加速

我们在服务端动态完成构建 vue-page-complie 工程，按照常规的思路，直接使用 Node. js 代码 cd 进入该工程目录执行编译语句，完成项目打包。考虑到工程依赖包下载速度问题，我们使用 Yarn 代替 NPM，示意代码如下：

```
import { spawn } from 'child_process'
// yarn build => vue-cli-service build
const buildString = 'cd ./vue-page-complie && yarn && yarn build'
const subprocess = spawn(compileStr, {
  shell: true,
  stdio: 'pipe'
})
subprocess.on('close', (code) => { })
```

该方式实质上通过拉取子进程，运行 webpack 编译任务，与传统的本地编译项目没有差异。但该方式的打包速度不稳定，当多项任务并发时，即使加上编译队列，单个任务也无法在几分钟内完成编译。而且，因每个活动的微组件组成不确定，.lock 文件无法重用。过长的 H5 发布时间极其影响运营用户的体验。

因为不同类型的项目考虑的场景各不相同，所以本章不介绍考虑常规的 webpack 优化方式，例如 dll、开启多线程、减少检索路径、去除 eslint 等。由于活动中台提供的是通用脚手架，因此优化的方式需要更加底层且普适性更强。通过不断的打包过程分析，最终我们决定在安装依赖缓存、构建执行两个阶段进行优化。

我们也考虑了行业中流行的 Yarn PNP、PNPM 包管理工具。它们对服务端编译工程场景带来最大的提升就是在依赖下载之余，减少了依赖文件 I/O 复制的操作，安装依赖的速度非常惊人。我们通过 --offline、--silent、--no-progress 参数去除网络和日志的影响，在默认有全局缓存的情况下进行安装测试。测试结果表明，在没有开启 PNP 模式时，Yarn 的安装速度远远不如 PNPM，毕竟 I/O 操作消耗了时间，如图 4-12 所示。

```
[root@localhost project]# time yarn --offline --no-progress --silent
real    0m9.055s
user    0m9.514s
sys     0m1.764s
[root@localhost project]# time pnpm i --offline --silent

real    0m4.454s
user    0m5.301s
sys     0m0.384s
```

图 4-12　PNPM 与 Yarn 的安装对比

当我们通过 yarn --pnp 开启 PNP 模式后，package.json 会默认被添加到 installConfig. pnp = true 的配置，可手动调整关闭 PNP 模式。实测此时的平均速度与 PNPM 不相上线，如图 4-13 所示。

```
[root@localhost project]# rm -rf node_modules/ yarn.lock .pnp .pnp.js
[root@localhost project]# time yarn --offline --no-progress --silent

real    0m5.465s
user    0m5.996s
sys     0m0.308s
```

图 4-13　Yarn 开启 PNP

在传统的 NPM、Yarn 中，假如 B 模块中引用了 C 模块依赖，在 A 模块中引用 B 依赖，可以不通过声明而直接使用 C 模块。这其实是一种不安全的组件引用方式，因为 A 无法控制 C 的引用版本。目前 Yarn PNP 方案和 PNPM 方案都拒绝了这种不安全的包引用方式，切换包管理工具的方案被降级为建立高速的 cache 缓存区，以提升 I/O 操作的效率，减少不必要的版本检测操作，如图 4-14 所示。期待行业标准全面落地的那天。

在构建执行阶段，我们将编译工程默认推入了 tmpfs 内存的文件系统，让编译时的文件操作在内存中完成，同时将 spawn 拉起 webpack 进程的操作方式更改为 Object Pool，抽离对 @vue/cli webpack 配置，去除对 @vue/cli 依赖，利用 webpack API 生成最终的编译文件。

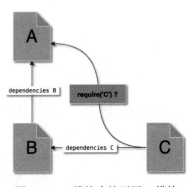

图 4-14　A 模块直接引用 C 模块

```
require('webpack')(
    JSON.parse(require('fs').readFileSync('./tmp/webpack.config.json')
), (err, stats) => {
    console.log(' 编译成功 ')
})
```

综上，我们完成了微组件转化为 H5 工程再到线上编译的整个流程，它的核心逻辑是将页面的配置关系，映射到实际代码工程中，最后将把工程编译成可上线的 HTML 静态文件。最终编译运行的页面如图 4-15 所示，它完整地还原了 data.json 和微组件的 UI 能力。

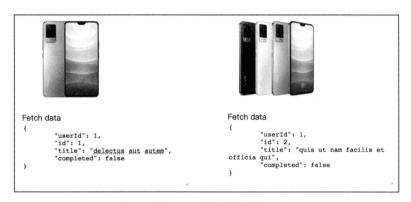

图 4-15　效果渲染图

vivo 活动中台对服务端热编译工程的探索不会就此停下，因为还有更多激进的实验性措施等着我们去探索，例如微组件本地编译时，生成 umd.js 之余再生成一份 common.js，线上直接打包 common.js 版本组件，提升打包速度；又比如直接在线聚合 umd.js ，在开发者本地阶段就完成依赖解析；等等。相信在不久的将来，会有更加优秀的方案，让我们终将达成"秒级编译"的目标。

## 4.6　可视化搭建微信小程序

随着小程序、快应用的用户体验趋于原生，用户群体逐渐变得庞大，活动运营开始倾向微信、支付宝、快应用等多端场景。我们将这些多端场景应用统称为微应用。微应用相比传统应用具有体积更小、加载更快、无须安装等优势。以快应用举例，它由多家手机厂商联合推出，投入流量规模超 10 亿，同时在多家手机厂商终端曝光导流。因此，众多企业迫切希望在微应用的蓝海里抢占先机，获取海量的渠道流量和显著营销效果。

基于上述背景，vivo 活动中台也迫切需要适配微应用的可视化搭建。对于活动研发而言，各端小程序底层实现不一致，每种技术生态差异很大，如果采用不同的开发模式，学习成本高、适配周期长、技术风险点多等易产生过高的人力成本，难以满足运营快速搭建多样化活动的诉求。目前，市面上多端框架有 uni-app、taro、wepy、mpvue、chameleon 等。它们都是以 JavaScript 为基础选定一个 DSL 框架，再以这个框架为标准在各端分别编译为不同的代码。各端分别有一个运行时框架或兼容的组件库。通过综合使用评估，我们将 uni-app 作为跨端应用框架。

uni-app 具有独立的条件编译语法，可同时作用于 js、css、template 文件，同时它基于 weex 定制了一套 nvue 方案来弥补 weex 接口的不足，并且在 H5 端实现了一套兼容的组件库和接口，这正好为我们可视化搭建微应用提供了支持。

在可视化搭建 H5 页面时，我们将研发本地提交的 umd.js 在线上实时编排、配置后，统一将页面的配置信息，提交至服务端进行在线打包编译。那么接下来，我们需要在原有的架构流程中改造微组件，让其完成图形化搭建微应用的工作。

## 4.6.1 基于 uni-app 的微组件

uni-app 小程序改造流程共三步：本地 Vue 工程支持 uni-app 组件、uni-app 组件兼容微组件规范、uni-app 微组件编译 umd.js ，如图 4-16 所示。

图 4-16　改造示意图

### 1. Vue.js 工程支持 uni-app 组件

由于我们需要在原有微组件的基础上去构建多端组件，因此需要在传统的 Vue.js 工程中添加 uni-app 组件，使其可以在普通的项目里完成组件渲染，为图形化编排打下基础。

为方便读者理解多端小程序是如何完成在线搭建的，我们准备了一个初始项目，工程名为 uni-h5-design，并安装工程所需的依赖。初始化工程命令如下：

```
# 初始化工程
mkdir uni-h5-design && cd uni-h5-design && npm init -y

# 安装工程依赖
npm install vue vue-router core-js
npm install @vue/cli-service vue-template-compiler -D
```

我们在生成的工程增加以下代码文件：

下面是每个文件的内容速览，方便读者全面了解该工程。在 router.js 中，我们增加程序的主页 Main.vue，代码如下：

```
// uni-h5-design/src/router.js
```

```
import Vue from "vue";
import VueRouter from "vue-router";
import Main from "./Main.vue";
Vue.use(VueRouter);

const router = new VueRouter({
  mode: "history",
  base: process.env.BASE_URL,
  routes: [
    {
      path: "/",
      name: "Home",
      component: Main
    },
  ],
});
export default router;
```

主页 Main.vue 的代码如下：

```
<!-- uni-h5-design/src/Main.vue -->
<template>
  <div class="box">主页</div>
</template>
<style>
.box {
  position: absolute;
  left: 50%;
  top: 50%;
  transform: translate(-50%, -50%);
  width: 360px;
  height: 600px;
  box-shadow: 0 0 8px #ddd;
}
</style>
```

工程的主入口 main.js 的代码如下：

```
// uni-h5-design/src/main.js
import Vue from "vue";
import router from "./router";
import App from "./App.vue";

new Vue({
  router,
  render: (h) => h(App),
}).$mount("#app");
```

在主入口中，我们引用了应用的主体文件 App.vue，代码如下：

```
<!-- uni-h5-design/src/App.vue -->
```

```
<template>
  <div id="app">
    <router-view />
  </div>
</template>
```

我们为工程 package.json 添加启动 Web 调试服务命令：

```
// package.json
{
    ...
    "scripts": {
        "dev": "vue-cli-service serve"
    }
    ...
}
```

打开命令行工具，执行命令后直接预览运行。

```
npm run dev
```

至此，我们已经完成了一个最简单的 Vue 工程，读者也可以尝试在本地运行。接下来，我们将增加 uni-app 组件依赖。

首先安装 Dcloud 官方提供的 H5 组件库，命令如下：

```
# 安装 uni-h5 组件
npm install @dcloudio/uni-h5
```

我们在工程中增加 uni-h5 组件依赖，修改 main.js 代码如下：

```
// uni-h5-design/src/main.js
+ import "@dcloudio/uni-h5/dist/index.css";
+ import "@dcloudio/uni-h5/dist/index.umd.min.js";
```

再次运行项目后，会发现 uni-h5 的组件并没有挂载至 Vue 全局 components 中，通过在工程中打印 Vue.options.components，观察控制台结果，如图 4-17 所示。

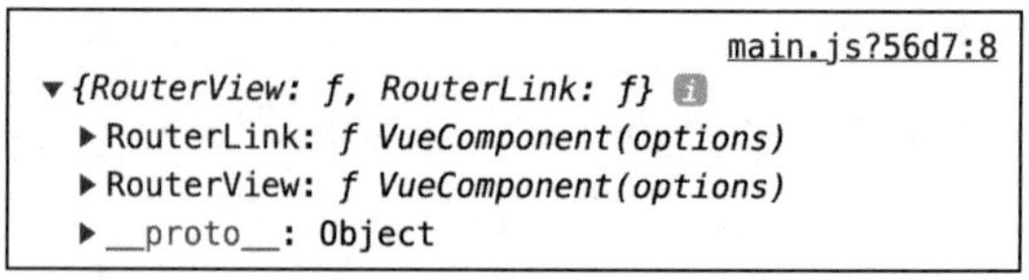

```
                                          main.js?56d7:8
▼{RouterView: f, RouterLink: f} 🔳
 ▶RouterLink: f VueComponent(options)
 ▶RouterView: f VueComponent(options)
 ▶__proto__: Object
```

图 4-17　全局无挂载 uni-h5 组件

为何 uni-h5 组件没有初始化成功，而我们引入的 umd.js 组件文件却没有使用 Vue.use 的 install 操作？我们详细阅读 uni-h5 组件库主入口方法，尝试寻找答案。

```
// node_modules/uni-h5/node_modules/@dcloudio/uni-h5/lib/h5/main.js
global.UniApp = UniApp
global.__uniConfig && new UniApp()
```

原来 uni-h5 组件库在初始化前会判断全局的 __uniConfig 是否存在，再进行下一步操作。__uniConfig 的来源就是 uni-app 工程中 manifest.json 中的 H5 属性的配置项。

```
// uni-h5-design/src/main.js
// https://uniapp.dcloud.io/collocation/manifest?id=h5
// add global uniConfig
window.__uniConfig = {
  router: {
    mode: "history",
    base: "/",
  },
};
```

继续阅读源码中，我们还发现了该组件库的初始化挂载操作除了对 _uniConfig 配置存在全局依赖，对 __uniRoutes 数组对象同样存在依赖。添加全局 __uniConfig 后，再运行工程，控制台报错代码如下：

Uncaught ReferenceError: __uniRoutes is not defined

继续添加全局 uni 路由依赖，代码如下：

```
// uni-h5-design/src/main.js
// add global uniRoutes
window.__uniRoutes = [];
```

至此，Vue 对象已成功挂载组件，我们最终完成了对 uni-h5 组件的全局注册，控制台截图如图 4-18 所示。

接下来，我们将介绍如何将这些组件渲染到工程中。其实我们可以直接在工程中使用这些组件，但需要注意 uni-h5 组件的用法，它需要保持与浏览器基本元素隔离，所以组件的使用是以"v-uni-"开头，例如 <button> 需更改为 <v-uni-button>。

在构建多页面微应用程序时，不仅要使用 uni-h5 组件，还要使用 uni-app 的 navigation 相关导航栏设置，此时就需要渲染 uni-app 主体组件。

uni-app 开发框架，会初始化一个包含 mpType、onLaunch、onShow、onHide 的主入口组件，随后的组件都被挂载到入口下面。那么，我们尝试构建一个 uni-app.js 入口，代码如下：

```
//uni-app.js
import Vue from "vue";

export default Vue.extend({
  mpType: "app",
  data () {
    return {
      keepAliveInclude: [],
    };
  },
  onLaunch: function () {
    console.log("App Launch");
  },
  onShow: function () {
    console.log("App Show");
```

```
    },
    onHide: function () {
      console.log("App Hide");
    },
    render () {
      var _vm = this;
      var _h = _vm.$createElement;
      var _c = _vm._self._c || _h;
      return _c("App", {
        attrs: {
          keepAliveInclude: _vm.keepAliveInclude,
        },
      });
    },
  });
```

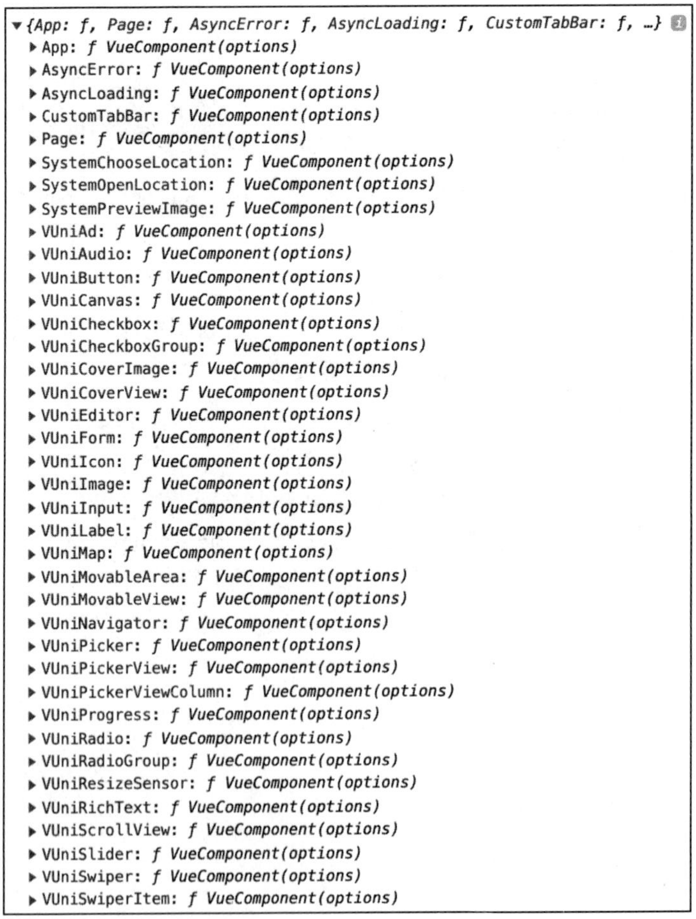

```
▼ {App: ƒ, Page: ƒ, AsyncError: ƒ, AsyncLoading: ƒ, CustomTabBar: ƒ, …}
  ▶ App: ƒ VueComponent(options)
  ▶ AsyncError: ƒ VueComponent(options)
  ▶ AsyncLoading: ƒ VueComponent(options)
  ▶ CustomTabBar: ƒ VueComponent(options)
  ▶ Page: ƒ VueComponent(options)
  ▶ SystemChooseLocation: ƒ VueComponent(options)
  ▶ SystemOpenLocation: ƒ VueComponent(options)
  ▶ SystemPreviewImage: ƒ VueComponent(options)
  ▶ VUniAd: ƒ VueComponent(options)
  ▶ VUniAudio: ƒ VueComponent(options)
  ▶ VUniButton: ƒ VueComponent(options)
  ▶ VUniCanvas: ƒ VueComponent(options)
  ▶ VUniCheckbox: ƒ VueComponent(options)
  ▶ VUniCheckboxGroup: ƒ VueComponent(options)
  ▶ VUniCoverImage: ƒ VueComponent(options)
  ▶ VUniCoverView: ƒ VueComponent(options)
  ▶ VUniEditor: ƒ VueComponent(options)
  ▶ VUniForm: ƒ VueComponent(options)
  ▶ VUniIcon: ƒ VueComponent(options)
  ▶ VUniImage: ƒ VueComponent(options)
  ▶ VUniInput: ƒ VueComponent(options)
  ▶ VUniLabel: ƒ VueComponent(options)
  ▶ VUniMap: ƒ VueComponent(options)
  ▶ VUniMovableArea: ƒ VueComponent(options)
  ▶ VUniMovableView: ƒ VueComponent(options)
  ▶ VUniNavigator: ƒ VueComponent(options)
  ▶ VUniPicker: ƒ VueComponent(options)
  ▶ VUniPickerView: ƒ VueComponent(options)
  ▶ VUniPickerViewColumn: ƒ VueComponent(options)
  ▶ VUniProgress: ƒ VueComponent(options)
  ▶ VUniRadio: ƒ VueComponent(options)
  ▶ VUniRadioGroup: ƒ VueComponent(options)
  ▶ VUniResizeSensor: ƒ VueComponent(options)
  ▶ VUniRichText: ƒ VueComponent(options)
  ▶ VUniScrollView: ƒ VueComponent(options)
  ▶ VUniSlider: ƒ VueComponent(options)
  ▶ VUniSwiper: ƒ VueComponent(options)
  ▶ VUniSwiperItem: ƒ VueComponent(options)
```

图 4-18　uni-h5 全局注册组件

上述代码中，我们直接使用了 uni-h5 的全局组件 <App/>，该组件正是 uni-h5 注册的主入口组件，路径如下：

```
node_modules/@dcloudio/uni-h5/src/platforms/h5/components/app/index.vue
```

修改 Main.vue 代码，在其中引入 uni-app.js，代码如下：

```
<!-- Main.vue -->
<template>
  <div class="box">
    <uniapp></uniapp>
  </div>
</template>

<script>
import uniapp from "./uni-app";
export default {
  components: {
    uniapp,
  }
};
</script>

<style>
.box {
  position: absolute;
  left: 50%;
  top: 50%;
  transform: translate(-50%, -50%);
  padding: 10px;
  width: 360px;
  height: 600px;
  box-shadow: 0 0 8px #ddd;
}
</style>
```

运行后观察，uni-app 的主体页面顺利渲染出来。浏览器调试窗口 dom 的截图如图 4-19 所示。

图 4-19 uni-app 主框架渲染

既然主框架已经具备，我们继续渲染框架中的页面。uni-h5 中已经全局注册了 <Page /> 组件，代码如下：

```
<!-- node_modules/@dcloudio/uni-h5/src/platforms/h5/components/page -->
<template>
  <uni-page :data-page="$route.meta.pagePath">
    <page-head
      v-if="navigationBar.type!=='none'"
      v-bind="navigationBar"
    />
    <page-refresh
      v-if="enablePullDownRefresh"
      ref="refresh"
      :color="refreshOptions.color"
      :offset="refreshOptions.offset"
    />
    <page-body
      v-if="enablePullDownRefresh"
      @touchstart.native="_touchstart"
      @touchmove.native="_touchmove"
      @touchend.native="_touchend"
      @touchcancel.native="_touchend"
    >
      <slot name="page" />
    </page-body>
    <page-body v-else>
      <slot name="page" />
    </page-body>
  </uni-page>
</template>
```

先回到 uni-h5 中 <App/> 组件代码逻辑，发现 <Page/> 组件渲染依赖于主 <App/> 中的 <router-view/>。所以，我们修改 router.js 为 Main.vue 添加一个默认的子路由，子路由的页面组件指向 <Page/> 组件，完成该组件的渲染。另外，观察 <Page /> 组件的实现逻辑，其源码中已经预留了名称为 page 的插槽。我们只需要将目标组件绑定至该插槽中，就完成了 uni-h5 组件的渲染，代码如下：

```
// uni-h5-design/src/router.js
// ...
import bar from './bar.vue'
const routes = [
  {
    path: "/",
    name: "Main",
    component: Main,
    children: [{
      path: "/",
      component: {
```

```
      render (createElement) {
        return createElement(
          "Page",
          {
            props: Object.assign(
              window.__uniConfig.globalStyle || {},
              {
                navigationStyle: "custom", // 不显示标题栏
              }
            ),
          },
          [
            createElement("bar", {
              slot: "page",
            })
          ]
        );
      },
    }
  }]
},
];
// more ...
```

将 uni-h5 组件挂载至 <bar/> 组件中，bar.vue 代码如下：

```
<!-- uni-h5-design/src/bar.vue -->
<template>
  <view>
    <!-- 复选框 -->
    <view>
      <v-uni-checkbox-group>
        <v-uni-label>
          <v-uni-checkbox value="cb" checked="true" />
          选中
        </v-uni-label>
        <v-uni-label>
          <v-uni-checkbox value="cb" />
          未选中
        </v-uni-label>
      </v-uni-checkbox-group>
    </view>
    <view class="dividers" />
    <!-- 按钮 -->
    <view>
      <v-uni-button type="primary">默页面主操作认 </v-uni-button>
      <view class="dividers" />
      <v-uni-button type="primary" loading="true">
              页面主操作 Loading</v-uni-button>
      <view class="dividers" />
      <v-uni-button type="primary" disabled="true">
```

```
                              页面主操作 Disabled</v-uni-button>
        <view class="dividers" />
        <v-uni-button type="warn">警告类操作 Normal</v-uni-button>
      </view>
    </view>
  </template>
  <style>
  .dividers {
    display: block;
    height: 30px;
  }
  </style>
```

实际运行效果如图 4-20 所示，左侧是 dom 渲染的情况。

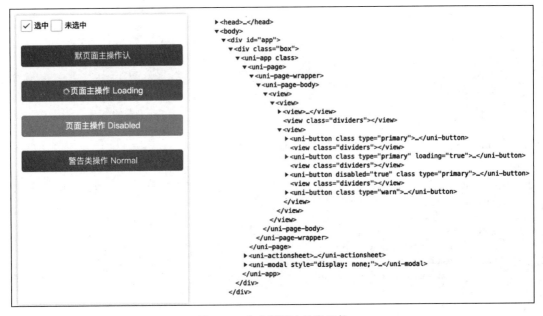

图 4-20　在主框架中渲染组件

如果读者按照文中逻辑复现至此，会发现主入口的 onLaunch、onShow、onHide 方法并没有生效，阅读 uni-h5 源码可以发现，这些方法属于 uni-app 扩展 Vue 的生命周期额外新增的钩子函数。我们给 Vue 添加一个 callhook 方法，并且将开篇的全局代码合入统一的 uni.global.js，代码如下：

```
// uni-h5-design/src/uni.global.js
import Vue from "vue";

// uni-app __call_hook
Vue.prototype.__call_hook = function (hook, args) {
  const vm = this;
```

```
    const handlers = vm.$options[hook];
    let ret;
    if (handlers) {
        for (let i = 0, j = handlers.length; i < j; i++) {
            ret = args ? handlers[i].apply(vm, [args]) : handlers[i].call(vm);
        }
    }
    if (vm._hasHookEvent) {
        vm.$emit("hook:" + hook);
    }
    return ret;
};

// add global uniConfig
window.__uniConfig = {
  router: {
    mode: "history",
    base: "/",
  },
};

// add global uniRoutes
window.__uniRoutes = [];
```

同时修改 main.js，代码如下：

```
// uni-h5-design/src/main.js
import Vue from "vue";
import router from "./router";
import App from "./App.vue";

import "./uni.global.js";
import "@dcloudio/uni-h5/dist/index.css";
import "@dcloudio/uni-h5/dist/index.umd.min.js";

new Vue({
  router,
  render: (h) => h(App),
}).$mount("#app");
```

至此，我们用最小的改造成本，在常规的 Vue 工程中成功集成了 uni-h5 组件，并成功渲染出 uni-app 的主入口。

### 2. uni-app 组件兼容微组件规范

承接 uni-app 组件的工程已经准备好了，接下来我们需要将 uni-app 组件转化为微组件的规范，其目录规范是具备 UI 层、配置层、数据层。我们准备一个简单的 uni-h5 组件，命名为 foo，其目录结构如下：

```
── src
```

```
└── components
    └── foo
        ├── code.vue
        ├── prop.vue
        └── setting.json
```

在 foo 微组件中，代表 UI 层的 code.vue 使用的是 uni-h5 组件，代码如下：

```
<!-- uni-h5-design/src/components/foo/code.vue -->
<template>
  <v-uni-image mode="widthFix" :src="item.src" />
</template>
<script>
export default {
  props: ["item"]
}
</script>
```

在 code.vue 组件中，我们仅将 setting.json 中的数据取出，渲染出一张图片。数据载体文件的内容如下：

```
<!-- uni-h5-design/src/components/foo/setting.json -->
{
    src:''
}
```

在微组件的规范中，prop.vue 组件负责配置层，配置都是发生在 PC 端，所以 foo 微组件在 prop.vue 代码中直接使用行业成熟的组件库 element-ui。此时将 uni-h5 组件融入传统项目的优势就体现出来了，开发者无负担地引入第三方组件，代码如下：

```
<!-- uni-h5-design/src/components/foo/prop.vue -->
<template>
  <el-input v-model="item.src" type="textarea" autosize
            placeholder=" 请输入内容 "></el-input>
</template>

<script>
export default {
  props: ["item"]
}
</script>
```

因为我们使用了第三方组件库，所以需要在 main.js 中新增 element-ui 依赖，代码如下：

```
# package.json 安装依赖
npm install element-ui

// uni-h5-design/src/main.js
+ import ElementUI from 'element-ui';
+ import 'element-ui/lib/theme-chalk/index.css';
```

```
+ Vue.use(ElementUI);
```

为了更加直观地渲染微组件，我们修改了路由配置，使用全局组件 <page-index> 作为 <Page /> 组件的插槽。router.js 修改部分代码如下：

```
// uni-h5-design/src/router.js
  [
  createElement(bar, {
    slot: "page",
    }),
]

// 修改为
[
createElement('page-index', {
  slot: "page",
  }),
]
```

我们在 Main.vue 中初始化 <page-index> 为全局组件，并将 foo 的 code.vue 组件挂载至该全局组件下，代码如下：

```
<!-- uni-h5-design/src/Main.vue -->
<template>
  <div class="box">
    <!-- 配置面板 -->
    <prop :item="item" />

    <!-- 组件渲染区 -->
    <uniapp></uniapp>
  </div>
</template>

<script>
import Vue from 'vue';
import uniapp from "./uni-app";
import code from './components/foo/code.vue'
import prop from './components/foo/prop.vue'
import setting from './components/foo/setting.json'
export default {
  components: {
    uniapp,
    prop
  },
  data () {
    return {
      item: setting
    }
  },
  created () {
```

```
    let self = this
    Vue.component("page-index", {
      render (h) {
        return h("view", [h(code, {
          props: {
            item: self.item
          }
        })]);
      },
    });
  }
};
</script>
...
```

在上述代码中，我们成功将 foo 微组件引入 Main.vue，再通过引入 setting.json 的数据挂载至父组件的 data 属性中，code.vue 与 prop.vue 的 props 数据是通过父类的 data 属性进行同步的。至此，我们完成了 UI、配置数据同步。演示截图如图 4-21 所示。

图 4-21　配置与 UI 同步

在实战场景下，UI 层与配置层需要跨 iframe 通信，我们需要借助 store 状态机进行组件间的数据通信，本章为了方便演示，未使用 iframe 隔离 UI。

### 3. uni-app 微组件编译 umd.js

微组件完成使用后，就需要考虑将 uni-h5 组件编译成 umd.js 组件，可被基座热插拔使用。我们在 Vue 组件中使用了 @vue/cli 或 webpack 导出 umd.js。如果没有涉及依赖 uni-app 运行时的特殊处理，那我们就都可以继续沿用之前的编译命令，代码如下：

```
// uni-h5-design/package.json
// 构建 UI 层 code.vue 脚本
vue-cli-service build --target lib --name fooCode './src/components/foo/code.
  vue' --dest ./src/components/foo/dist --no-clean
```

```
// 构建配置层 prop.vue 脚本
vue-cli-service build --target lib --name fooProp'./src/components/foo/prop.vue'
--dest ./src/components/foo/dist --no-clean
```

执行编译命令后，观察微组件目录如下：

```
── foo
├── dist
│   ├── fooCode.umd.min.js
│   └── fooProp.umd.min.js
├── code.vue
├── prop.vue
└── setting.json
```

我们将编译后的 fooCode.umd.min.js 与运行的 Vue 文件替换使用，页面显示如下：

```
import code from './components/foo/code.vue'
import prop from './components/foo/prop.vue'

// 修改
import code from './components/foo/fooCode.umd.min.js'
import prop from './components/foo/dist/fooProp.umd.min.js'
```

如果涉及运行时编译，那我们就需要准备 uni-app 官方提供的脚手架，进行离线编译。通过 uni-app 官方的命令安装开发脚手架，代码如下：

```
> vue create -p dcloudio/uni-preset -vue uni -app -compile
Fetching remote preset dcloudio/uni-preset-vue...
Preset options:
? 请选择 uni-app 模板
> 默认模板
  默认模板 (TypeScript)
  Hello uni-app
  前后一体登录模板
  看图模板
  新闻 / 资讯类模板
  自定义模板
```

选择默认模板后，生成 uni-app-compile 工程。我们将 foo 组件迁移至该工程下，编译指令写入 package.json，代码如下：

```
cross-env NODE_ENV=production UNI_PLATFORM=h5 vue-cli-service build --target lib
--name fooCode './src/components/foo/code.vue' --dest ./dist --no-clean
```

Dcloud 官方对 uni-app 使用的 Vue 源码进行了定制。如果要搭建复杂微应用，建议还是使用原生脚手架进行组件编译。大部分情况下直接在传统的 Vue 工程下就可以完成编译 umd.js。

在获得 umd.js 插件文件后，远程加载 umd 组件与前文的微组件加载方式没有差异，因为我们可以把它看作完整的 H5 组件。实战场景下读者可通过远程 load.js 方式拉取 umd.js，远程将微组件热加载至线上后，就可以通过图形化的方式进行可视化搭建。

### 4.6.2 微组件编译微应用

我们在浏览器页面搭建的 uni-app 的 H5 组件，用户通过聚合和编排后，就可以获得组件的配置 JSON 数据和目标组件。模拟的数据如下：

```
let page = {
  components: [
    {
      key: '10001',
      name: 'foo'
    },
    {
      key: '10002',
      name: 'foo'
    }
  ],
  dataset: {
    '10001': {
      src: 'http://vivo.cn/1BtsUX'
    },
    '10002': {
      src: 'http://vivo.cn/1BtsVF'
    }
  }
}
```

components 代表设计出页面的集合，dataset 里映射着每个组件的配置数据。读者可以自定义设计存储的页面结构。通过 vue create -p dcloudio/uni-preset-vue 生成的 uni-app-complie 目录如下，我们将 foo 组件移入 components 文件夹中。

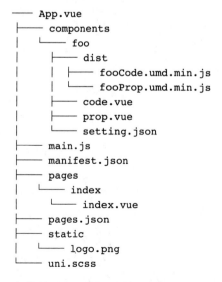

```
── App.vue
├── components
│   └── foo
│       ├── dist
│       │   ├── fooCode.umd.min.js
│       │   └── fooProp.umd.min.js
│       ├── code.vue
│       ├── prop.vue
│       └── setting.json
├── main.js
├── manifest.json
├── pages
│   └── index
│       └── index.vue
├── pages.json
├── static
│   └── logo.png
└── uni.scss
```

在传统的 Vue 工程中，我们可以通过 Vue.components 结合 render 动态生成组件或者使

用 \<component :is="" />，从而编译最终的 H5 页面。但是，uni-app 是不支持这个动态编译的方式的，因为 uni-app 将页面组件编译到非 H5 平台的时候都需要依赖静态扫描，所以动态组件的方式都不支持。

针对这个情况，我们需要将页面的配置数据转化成静态的代码，再插入至 uni-app 的开发脚手架 uni-app-demo 工程中。将 page 配置数据转化成页面代码的实现逻辑相对比较简单。伪代码示意如下：

```
let templates = []
let componentName = {}
let imports = []
page.components.forEach(item => {
  templates.push(`<${item.name} :item="dataset['${item.key}']" />`)
  if (!componentName[item.name]) {
    imports.push(
        `import ${item.name} from '../../components/${item.name}/code.vue'`)
    componentName[item.name] = item.key
  }
})

let templateStr = `
  <template>
    <view>
      ${templates.join('\n')}
    </view>
  </template>
  <script>
    ${imports.join('\n')}
    export default {
      components: {
        ${Object.keys(componentName).join(',')}
      },
      data() {
        return {
          dataset: ${JSON.stringify(page.dataset)}
        }
      }
    }
  </script>
`
```

上述的生成过程，我们可以通过开发 Node.js 小脚本或者命令行的形式进行生成任务，将生成后的 templateStr 字符串通过 node-fs 写入 uni-app-demo/src/pages/index/index.vue 入口文件即可。最终实现的文件内容如下：

```
<!-- uni-app-complie/src/pages/index/index.vue -->
<template>
  <view>
    <foo :item="dataset['10001']" />
    <foo :item="dataset['10002']" />
  </view>
```

```
</template>
<script>
import foo from '../../components/foo/code.vue'
import bar from '../../components/bar/code.vue'
export default {
  components: {
    foo
  },
  data () {
    return {
      dataset: {
        '10001': {
          src: 'http://vivo.cn/1BtsUX'
        },
        '10002': {
          src: 'http://vivo.cn/1BtsVF'
        }
      }
    }
  }
}
</script>
```

代码生成后,读者可尝试着在浏览器运行。一切符合预期后,再将该 uni-app 应用编译成小程序。执行以下命令:

```
# uni-app-demo/dist/build/mp-weixin
# 编译命令
npm run build:mp-weixin
```

使用微信开发者工具打开 mp-weixin 文件夹,里面却是一片空白。为什么会出现这种现象? 我们来看下编译后的代码文件,如图 4-22 所示。

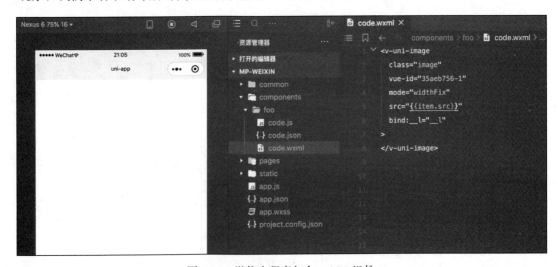

图 4-22　微信小程序包含 uni-h5 组件

因为 foo/code.vue 的组件是 uni-h5 的 <v-uni-image> 写法，实际上小程序根本不认识这种组件，所以显示空白。我们需要在执行编译命令时，将 uni-app-demo 工程中的组件 v-uni 前缀剔除。

如何在工程编译时，修改组件的标签呢？我们可以配置 uni-app-demo 工程中的 vue-loader，通过 compilerOptions.modules 扩展 preTransformNode 方法，再进行 el.tag 的修改。完整代码如下：

```
// uni-app-compile/vue.config.js
module.exports = {
  chainWebpack: config => {
    config.module
      .rule('vue')
      .use('vue-loader')
      .tap(options => {
        options.compilerOptions.modules = [
          {
           preTransformNode (astEl) {
            if(process.env.NODE_ENV === 'production') {
               if (astEl.tag.includes('v-uni-')) {
                   astEl.tag = astEl.tag.replace('v-uni-', '')
                }
              }
              return astEl;
            }
          }
        ];
        return options;
        });
  }
};
```

再次执行编译命令，观察小程序调试窗口，如图 4-23 所示。
此时我们再次执行编译快应用命令：

```
# uni-app-compile/dist/build/quickapp-webview
# 编译命令
npm run build:quickapp-webview
```

> **注意** 编译快应用，需要配置快应用运行的必备属性。

```
// uni-app-compile/src/manifest.json
"quickapp-webview": {
  "package": "com.vivo.demo",
  "name": "demo",
  "icon": "/static/logo.png"
},
```

打开快应用开发工具，观察调试窗口，如图 4-24 所示。

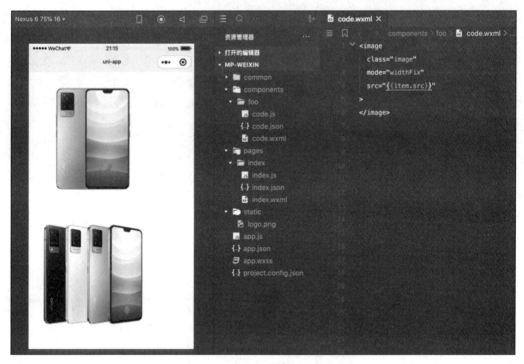

图 4-23　微组件成功编译微信小程序

图 4-24　微组件成功编译成快应用

为了让读者更好地理解，我们通过表4-3讲解工程之间的关系。

表4-3　工程之间的关系

| 工程名 | 类型 | 作用 | 功能 |
|---|---|---|---|
| uni-h5-design | 普通 Vue 工程 | 可视化工程 – 在线服务 | 1）展示 uni-app h5 组件；<br>2）远程拉取 uni-app h5 组件 |
| uni-app-compile | uni-app 工程 | 1）编译组件 – 开发者本地<br>2）编译应用 – 在线服务 | 1）将复杂微应用组件编译 umd 格式；<br>2）将可视化预置的组件编译成微应用 |

uni-app-compile 既是开发者本地输出、编译微组件的组件工程，又是将页面、组件及配置编译的应用工程。本地开发后的组件会上传至 NPM 私服。uni-h5-design 工程通过服务端拉取 NPM 服务中的插件，将用户在线配置编排的应用信息，保存至服务端，同时根据配置信息捞取组件写入 uni-app-compile ，如图 4-25 所示。

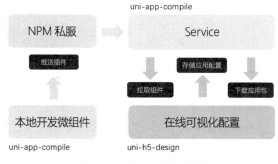

图 4-25　核心工作协作图

在上图中，读者还能感知到应用发布与 H5 发布的差异点，就是应用编译后需要导出，通过离线的方式进行发布部署，每个微应用的部署发布渠道不同，这里就不做讲解了。

最后我们通过讲解普通的 H5 利用微组件特性完成了动态编译上线，衍生到利用 uni-app 扩展微组件能力，同样完成了动态编译微应用的目的。笔者保留了完整的流程代码和逻辑说明，希望读者在学习理念的同时，也可以收获一份极具扩展性的底座工程。微组件是一种思想，是极度利用动态的特性，将数据与配置、UI 相结合的先进理念，让我们设计出的架构更好地去适应可视化、图形化的浪潮。

*Chapter 5* 第 5 章

# H5 性能优化实践

以微组件为基础构建的 H5 页面，具有灵活发版和跨平台的特点，在业务中有许多应用场景。但是如果对比客户端应用程序，网页的表现总是要逊色一些，比如打开网页时经常会出现白屏，网络状况较差的情况下体验不佳，网页要兼容不同设备大小的屏幕等。本章将与读者分享实战中 H5 前端性能、效果优化的经验，以及 vivo 活动中台如何对现状进行分析，实现有效案例落地。

## 5.1　H5 性能检测

H5 页面性能的评估形式一般分为两种，一种是使用性能分析工具，在线对网页的各项指标进行评测打分，另一种是使用预设代码，通过浏览器 Performance API 或上报用户真实的网络访问情况，最后进行统计分析。虽然通过预设代码方式可以更加真实地观测性能表现，但是为了能够对页面性能有一个统一的量化标准，我们往往选择使用标准的打分工具对页面的性能进行评估。例如在网页开发阶段，Chrome 浏览器的开发者工具可以查看网页 Load 和 DOMContentLoaded 等触发事件的时间。再后来有了一系列的性能分析工具，例如 Webpage Analyzer、WebPageTest、Yslow、PageSpeed 等。

### 5.1.1　Lighthouse

Lighthouse 是由 Google 官方团队开发的一款开源的网站性能测评工具，它内置了 WCAG 标准，可以识别和修复影响网站性能、可访问性和用户体验的常见问题，如图 5-1 所示。目前 Lighthouse 已内嵌在 Google 浏览器的开发者工具的选项卡中，它也成为 H5 网页开发过程中标准的性能评估工具。它除了可以直接在 Chrome 中使用外，也支持使用浏览器插件或者 Node.js CLI。Google Measure、PageSpeed Insight 等工具都是通过调用
Lighthouse 实现了对页面的分析。

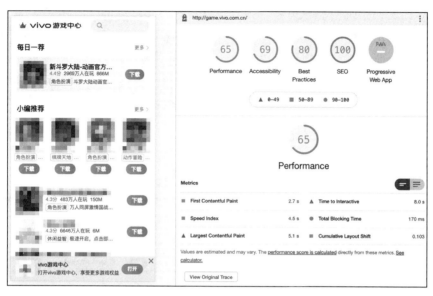

图 5-1 Lighthouse 报告图

目前，Lighthouse 的最新版本是 6.4.x。从 2016 年发布第一个版本至今，Lighthouse 在
这几年间不断更新性能指标的选择，目前已经迭代 80 余个版本。

在 6.x 版本的面板中，单击 See calculator 链接，就可以直观地看到每个性能指标的得
分，指标的 Value 越小，Score 就越高。图 5-1 的测试结果中，FCP、SI、LCP、TTI、TBT、
CLS 对应单项分数分别为 83、72、25、43、99、90，而这六个指标对应的权重分别为
15%、15%、25%、15%、25%、5%，通过加权平均计算出性能总分为 65，如图 5-2 所示。

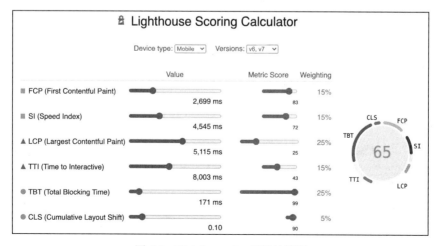

图 5-2 Lighthouse 6.x 指标计算图

### 5.1.2 关键指标解析

Google 在最新的 6.x 版本中，删除了三个指标，分别是首次有意义的渲染帧（First Meaningful Paint，FMP）、首次 CPU 空闲（First CPU Idle，FCI）、潜在最大首次输入延迟（Max Potential First Input Delay，mpFID）。同时加入了三个新的指标，被阻塞的时间总和（Total Blocking Time，TBT）、视窗内最大的内容元素被渲染的时间（Largest Contentful Paint，LCP）和累积布局变化（Cumulative Layout Shift，CLS）。当然，我们也可以在线使用 Web-vitals 脚本。它是 Google 官方提供的 SDK，可以在线获取 3 个关键指标（CLS、FID、LCP）和两个辅助指标（FCP、TIFB）。

指标计算图中的速度指数（Speed Index，SI）是用来衡量页面可见内容填充快慢的指标，计算过程使用的是开源工具 Speedline。我们可通过对页面进行视频录制，并统计首帧与最后一帧的时间差来计算 SI 的值。

值得一提的是，SI 的最终分数会通过和数据库中真实网站的 SI 进行比较得出。SI 分数与得分标准如表 5-1 所示。

表 5-1　SI 分数与得分标准

| SI（秒） | 速度等级 | SI 得分 |
| --- | --- | --- |
| 0 ～ 4.3 | 快 | 75 ～ 100 |
| 4.4 ～ 5.8 | 中 | 50 ～ 74 |
| Over 5.8 | 慢 | 0 ～ 49 |

#### 1. FCP、FMP 与 LCP

在介绍 FMP 之前，我们先介绍一下首次内容渲染时间 (First Contentful Paint，FCP)。首次触发了浏览器的 The First Page Paint 事件的时间点，就是 FCP。但是，这个时间点渲染的内容不一定是重要的页面信息，甚至不一定会渲染出可见的元素，因此 FCP 不能作为一个从用户视角准确衡量页面性能的指标。也正因如此，虽然该指标在 Lighthouse 6.x 中得到了保留，但对性能得分的权重从历史的 23% 降低到 15%。

在这个背景下，FMP 应运而生。FMP 是指从页面加载开始，到大部分或者主要内容已经在首屏上渲染的时间，利用 LayoutAnalyzer 收集布局对象 Layout Objects 数量。

声明计数器（LayoutObjectsThatHadNeverHadLayout）表示新增的布局对象，也就是首次新增的 Layout Objects 的个数。通过测试发现相比于其他计数器，它变化最大的时刻，往往是页面最重要的元素渲染的时刻。因此，FMP 指标的计算方法为：LayoutObjectsThatHadNeverHadLayout 发生变化最大的下一个时刻。从图 5-3 中可以看出，页面加载的过程其实就是布局对象逐步进入 Layout Tree 并进行渲染的过程。

当然，也存在一些场景不适用上述的情况。

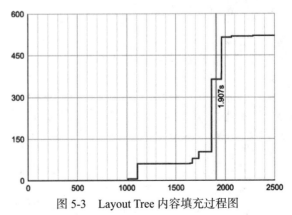

图 5-3　Layout Tree 内容填充过程图

场景一：如果页面为长页面，那么会存在不可见的布局对象的增加个数比首屏内可见对象增加个数更多的情况，此时 FMP 就是不准确的。

场景二：需要进行字体加载时，文字会优先使用降级字体进行布局，默认在 3 秒内不进行字体绘制，这样也会影响 FMP 的计算。

针对场景一，FMP 通过引入了布局重要度的概念来解决该问题；针对场景二，FMP 通过推迟统计的时间，来让指标更加合理。Google 也针对上述不同场景对近 200 个页面做了试验，通过数据表格梳理，与用户清晰地感受到 FMP 的准确度，结果如表 5-2 所示。

为什么在 6.x 版本中 FMP 被废弃了呢，主要是因为在生产环境中，FMP 对页面细微的变化太过敏感，容易导致结果不一致。该指标的定义比较依赖浏览器具体的实现细节，不具有可参考性。

表 5-2　各方法的准确度对比

| 方法 | 准确度 |
| --- | --- |
| FCP | 52.5% |
| FMP | 57.1% |
| FMP + 场景 1 优化 | 62.1% |
| FMP + 场景 2 优化 | 71.2% |
| FMP + 场景 1 和 2 优化 | 77.3% |

FCP、FMP 存在种种问题，因此希望能够找到一个能更加真实地反映用户看到页面主要内容的时间的指标。经过关于页面性能的多方讨论，终于找到了一个更加准确的衡量页面主要内容是否加载完成的方法，那就是 LCP(Largest Contentful Paint)。

LCP 指的是在视窗内，最大的内容元素被渲染的时间。这个指标在 Lighthouse 6.x 中被正式加入，并且在最终性能评分中，有高达 25% 的权重。LCP 应该是除了 FCP 外最容易定义的指标，它有 2 个关键点，选取哪些元素进行比较和如何确定元素的大小。根据官方文档，下列元素会被纳入考虑范围：

❑ <img>；

❑ <svg> 里面的 <image>；

❑ <video>；

❑ 通过 url() 函数加载背景图片的元素；

❑ 包含 text node 的块级元素或者 inline text 的子元素。

那我们如何确定元素的大小？根据以下四个规则：

❑ 元素在 viewport 内可见的大小，如果是超出可视区域或者被裁剪、遮挡等，都不算入该元素大小；

❑ 对于图片元素来说，取图片实际大小和原始大小的较小值作为大小的代表，即 Min；

❑ 对于文字元素，只取能够覆盖文字的最小矩形面积；

❑ 忽略所有元素的 margin、padding、border。

Google 对该指标的评价如下：LCP 是一个十分重要且以用户感受为中心的指标，它反映了感知层面上的页面加载速度，标记了页面主要内容中最大内容元素加载完成的时间点，LCP 较短的页面能够让用户更快感觉到页面是可用的。在 Google 浏览器 96 版本中，我们能够使用 Priority Hints 来提升网页的 LCP 指标，例如在 fetch 函数、<img>、<link>、<script>、<iframe> 等标签中使用 importance 属性来调整资源加载的优先级。该属性可以指定 3 个值：high（资源具有高优先级）、Low（资源的优先级较低）、auto（采用浏览器的默认优先级），例如首屏的图片或者强依赖的脚本，通过设置 importance="high"尽可能地提前展示主体内容，以提高用户体验。

### 2. FCI 与 TTI

第二个被废弃的指标 FCI，该指标用来衡量一个页面需要多久才能达到最低限度的可交互标准。而最低可交互的确认需要同时满足以下两个条件：屏幕上大部分的 UI 元素都是可交互的，页面对用户大部分的输入响应的平均时间在一个合理的范围内。2017 年，首次可交互（First Interactive，FI）指标被分成了 FI 和持续可交互（Consistently Interactive，CI）两个指标。次年 7 月，FI 指标改名为 FCI，CI 改名为 TTI。可见，FCI 和 TTI 这两个指标主要反映了用户交互响应。

页面可交互时间（Time To Interactive，TTI），指的是页面达到完全可交互状态所需要的时间。完全可交互要同时满足下面三个条件：

❑ 页面已经呈现了有用的内容；
❑ 对于大多数可见页面元素，已注册事件回调；
❑ 页面对用户交互的响应在 50 毫秒以内。

那么最低可交互和完全可交互的时间是怎么计算的呢？FCI 的最低限度可交互时间是指在主线程的时间线中，从 FMP 开始且某个任务结束后，寻找到长度为 $f(t)$ 的时间窗口。如果这个时间窗口满足在其任意时间段内，没有长度大于 250 毫秒的连续任务集，且前后 1 秒内都没有 JavaScript 执行时间超过 50 毫秒的长任务，那么该任务结束的时刻就是我们定义的 FCI。其中 $f(t) = 4 \times e^{-0.045 \times t} + 1$。所以，FCI 只是一个模糊的概念。

而 TTI 的完全可交互时间，是从网络和主线程的时间线中，找到第一个 5 秒的时间窗口，在这个时间段满足任意时刻没有超过两个同时进行中的网络请求、没有超过 50 毫秒的长任务，则时间窗口前的最后一个长任务结束时刻就是 TTI。尽管有些人认为 FCI 在某些时候比 TTI 更有意义，但是二者之间的差异还不足以让 Lighthouse 保留两个相似的指标。因此 Lighthouse 在 6.x 版本里，最终选择还是使用 TTI 来取代 FCI。

### 3. mpFID、TBT 与 CLS

第三个被废弃的指标是 mpFID，它指的是从用户输入到页面真正开始处理事件回调的可能最大延迟时间。mpFID 的具体计算方法，是从以 FCP 为开始到以 TTI 为结束的这段时间里，选择其中 JavaScript 执行时间最长的任务，再用它消耗的时间减去 50ms。mpFID 表示的只是一个最大延迟时间，与用户实际输入的延迟时间是有差距的，用户在不同时刻的输入得到的首次输入延迟也会不同，因此 mpFID 并不能真实反映页面对用户输入的响应时间。5.x 版本在计算性能分数的时候，mpFID 权重为 0，即不参与评分。虽然这个指标不再显示在报告中，但其实在 JSON 数据中还有保留，mpFID 也依然是官方认可的一个关键用户体验指标。

TBT 指的是页面响应用户输入时，已经被阻塞的时间总和。计算方法为，统计从 FCP

到 TTI 之间的所有长任务，并将它们的阻塞部分时间进行求和，即为 TBT。阻塞部分时间指的是长任务执行时间超过 50 毫秒的部分，例如一个长任务执行了 70 毫秒，那么阻塞时间就是 20 毫秒。可以看出，TBT 相比于 mpFID 是一个更加稳定的指标，能更加真实地反映页面对于用户输入的响应平均延时。因此性能报告中用 TBT 替换了 mpFID。

新增的 CLS 指标是一个用来衡量视觉界面稳定性的指标。每当视口中两次渲染帧之间的可视元素改变了起始位置，都会触发 layout-shift entries，这些元素将被判定是不稳固元素。计算方法如下：

layout shift score = impact fraction × distance fraction

其中 impact fraction 指的是对整个视窗的多少造成了影响。例如图 5-4 中的文字占整个视窗的 50%，并且在两帧之间向下移动了 25%，因此对整个页面的 75% 造成了影响，因此 impact fraction 为 0.75。

图 5-4　文字视窗变化

distance fraction 比较好理解，就是发生变化距离占整个视窗的比例，我们再回到上面的例子，文字移动了 25%，即 distance fraction 为 0.25。所以本例的 CLS 值为 $0.75 \times 0.25 = 0.1875$。

我们举例说明 CLS 过大对用户体验的影响，当用户想点 A 按钮时，页面突然发生了布局变化，B 按钮出现在了之前 A 的位置。由此可见，CLS 是一个更关注用户体验的一个新性能评判指标。目前 CLS 作为新晋指标权重还不大，仅为 5%，但是 Lighthouse 已经在考虑下一个大版本中增加其权重了。

回顾上述指标的更替过程我们可以发现，不论是从 FMP 到 LCP、FCI 到 TTI 还是 FID

到 TBT，性能指标的选取向着更加稳定的方向前进：指标的定义越来越简明清晰，计算的方式也趋于标准化。评估指标没有银弹，每个指标都会有其局限性。在很多场景下，得分低不一定代表页面体验差，只有我们了解了这些指标背后的原理，才能更加科学地结合性能得分对页面做出评价。

# 5.2　H5 渲染加速优化

网页性能一直都是前端开发者持续关注的问题。在移动互联网时代，用户的留存率和页面加载性能息息相关，用户访问行为也会受到页面加载时长的影响，例如用户几乎不会等待页面加载超过 5 秒。专注性能测试的 SOASTA 公司曾发表过结论：移动端加载每耗时1 秒，最高可影响转化率达 20%。在营销业务快速发展过程中，活动中台始终把网页响应速度和用户体验放在首位，通过技术创新不断寻找最优的加载方案，本节将与读者分享 H5渲染加速的优化方案。

每当谈到性能优化，笔者会联想到一道经典面试题：从输入 URL 到页面加载，浏览器都执行了什么？体验优化的过程和这道题一样，需要系统化梳理、体系化实践。我们从网络、资源、渲染、执行层出发，不断探索加载优化方案。

## 5.2.1　网络层优化

我们可以从 DNS 处理、CDN 分发优化、开启请求压缩等方面优化网络层。

### 1. DNS 处理

浏览器对网站的第一次域名 DNS 解析查找流程为：浏览器缓存→系统缓存→路由器缓存→ ISP DNS 缓存→递归搜索。移动端环境下，DNS 请求带宽非常小，但延迟很高。针对该问题，我们采取预读取 DNS 方案，该方案能显著降低延迟，平均加载时长可减少 1 秒左右。为帮助浏览器对某些域名进行预解析，我们在上线活动 <HTML> 文档中新增 dns-prefetch 标签。加入该标签后，浏览器解析步骤如下：

```
<!-- 第一步：用 meta 信息来告知浏览器，当前页面要做 DNS 预解析 -->
<meta http-equiv="x-dns-prefetch-control" content="on" />

<!-- 第二步：在页面 header 中使用 link 标签来强制对 DNS 预解析 -->
<link rel="dns-prefetch" href="http://bdimg.share.baidu.com" />
```

### 2. CDN 分发优化

内容分发网络（Content Delivery Network，CDN）是构建在现有网络基础之上的智能虚拟网络，依靠部署在各地的边缘服务器，通过中心平台的负载均衡、内容分发、调度等功能模块，使用户就近获取所需内容，降低网络拥塞，提高用户访问响应速度和命中率。缓存对CDN 服务而言至关重要，合适的缓存策略能够降低源站的请求压力，从而提升页面加载速度，因此我们需要优化静态资源存储方式和缓存策略。CDN 资源缓存配置如表 5-3 所示。

表 5-3 CDN 资源缓存配置

| | 优先级 | 类型 | 内容 | 刷新时间 |
|---|---|---|---|---|
| 源缓存过期配置 | 1 | 所有内容 | 所有内容 | 30 天 |
| | 2 | 文件类型 | .html | 0 天 |
| | 3 | url 匹配模式 | link($\|\?\|/.*) | 0 天 |

活动中台将 H5 专题的静态资源上传至 CDN，带来如下提升：

❑ 通过 CDN 向用户分发传输相关库的静态资源文件，可以降低服务器的请求压力；

❑ 大多数 CDN 在全球都有服务器，所以 CDN 上的服务器在地理位置上可能比自有服务器更接近用户，用户可以直接访问边缘缓存，极大地提升页面资源的响应速度；

❑ 不缓存HTML入口文件，只缓存JavaScript、CSS的策略，在避免资源不更新的同时，加快了专题资源的获取速度。

超文本传输协议第 2 版（HTTP2），最初命名为 HTTP2.0，简称为 h2，是 HTTP 协议的第二个主要版本。 HTTP2 最重要的一项增强是将 HTTP 消息分解为独立的帧，交错发送，然后在另一端重新组装。这项机制在整个网络技术栈中引发一系列连锁反应，带来了巨大的性能提升。多路复用代替了原有的序列与阻塞机制，使得多个资源可以在一个连接中并行下载，不受浏览器同一域名资源请求限制，提升了整站的资源加载速度。各版传输协议的差异如表 5-4 所示。

表 5-4 各版传输协议的差异

| | 1.0 | 1.1 | 2.0 |
|---|---|---|---|
| 长连接 | 需要使用 keep-alive 参数来告知服务端建立一个长连接 | 默认支持 | 默认支持 |
| HOST 域 | 不支持 | 支持 | 支持 |
| 多路复用 | 不支持 | — | 支持 |
| 数据压缩 | 不支持 | 不支持 | 使用 HPACK 算法对 header 数据进行压缩，使数据体积变小，传输更快 |
| 服务器推送 | 不支持 | 不支持 | 支持 |

### 3. 开启请求压缩

无论是静态资源还是服务端的接口，在响应返回的时候都会配置 GZIP 来压缩响应数据，从而降低请求资源的文件大小，加快网络传输的效能。以通过 Nginx 来配置为例，配置如下：

```
server{
    gzip on;
    gzip_buffers 32 4K;
    gzip_comp_level 6;
    gzip_min_length 100;
    gzip_types application/javascript text/css text/xml;
    gzip_disable "MSIE [1-6]\.";
    gzip_vary on;
}
```

GZIP 是一个文件压缩程序，使用的是 Deflate 无损压缩解压算法，全称 GNU ZIP，可以将文件压缩成后缀为 .gz 的压缩包。通常 GZIP 对纯文本内容压缩率可达 40%，但对于图片，并不推荐使用 GZIP 压缩，因为可压缩的空间不大，如果额外增加标头、压缩字典，并校验响应体可能反而会让其变得更大。我们可以打开浏览器的控制台，观察 Response Headers 和 Request Headers，判断资源是否开启了 GZIP 压缩，如图 5-5 所示。

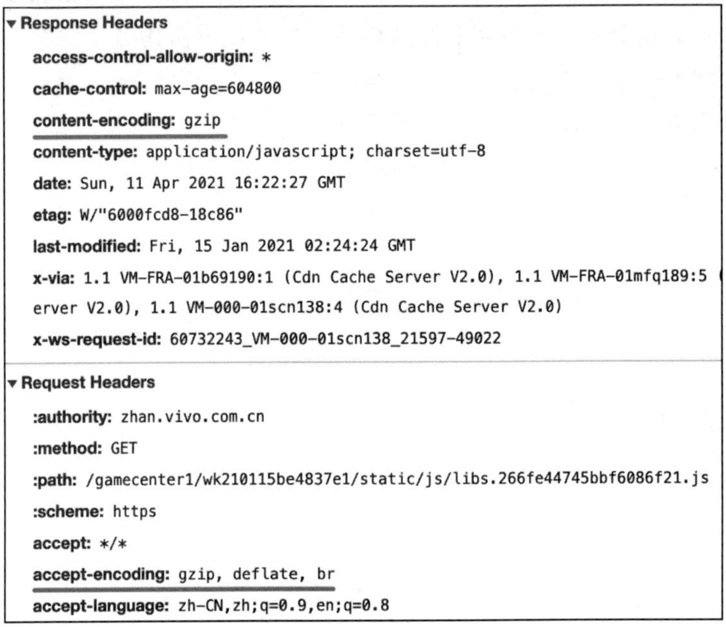

```
▼ Response Headers
   access-control-allow-origin: *
   cache-control: max-age=604800
   content-encoding: gzip
   content-type: application/javascript; charset=utf-8
   date: Sun, 11 Apr 2021 16:22:27 GMT
   etag: W/"6000fcd8-18c86"
   last-modified: Fri, 15 Jan 2021 02:24:24 GMT
   x-via: 1.1 VM-FRA-01b69190:1 (Cdn Cache Server V2.0), 1.1 VM-FRA-01mfq189:5
   erver V2.0), 1.1 VM-000-01scn138:4 (Cdn Cache Server V2.0)
   x-ws-request-id: 60732243_VM-000-01scn138_21597-49022
▼ Request Headers
   :authority: zhan.vivo.com.cn
   :method: GET
   :path: /gamecenter1/wk210115be4837e1/static/js/libs.266fe44745bbf6086f21.js
   :scheme: https
   accept: */*
   accept-encoding: gzip, deflate, br
   accept-language: zh-CN,zh;q=0.9,en;q=0.8
```

图 5-5 network 中的资源请求

content-encoding 是 HTTP 协议的响应消息头，用于告知客户端应该怎样解码才能获取在 content-type 中标示的媒体类型内容。可设置的压缩方法包括 gzip、compress、deflate、identity、br。

2015 年 9 月，Google 推出了另外一种无损压缩算法 Brotli，与其他压缩算法相比，有着更高的压缩效率。目前主流浏览器都已支持 Brotli 算法，该算法只能在 https 中生效。针对常见的网页资源，Brotli 的压缩性能相比 GZIP 提高了 17% ～ 25%，压缩率也遥遥领先。支持 Brotli 压缩算法的浏览器使用的内容编码类型为 br，如果服务端支持 Brotli 算法，则会返回以下的响应头：

```
# request headers
Accept-Encoding: gzip, deflate, sdch, br

# response headers
Content-Encoding: br
```

目前前端资源都默认选择在服务端请求时在线压缩，但是在线压缩的压缩等级越大，

CPU 消耗就越大，压缩时间也越长，所以为了提升线上的响应性能，我们可以选择在前端工程构建时就对静态资源进行压缩，最后将生成的静态压缩包部署至服务器。我们为编译工程增加开发时依赖，命令如下：

```
npm install compression-webpack-plugin --save-dev
```

修改 vue.config.js，增加 CompressionWebpackPlugin 插件配置，配置如下：

```
const CompressionWebpackPlugin = require("compression-webpack-plugin");
module.exports = {
  configureWebpack: (config) => {
    if (process.env.NODE_ENV !== "production") return;
    config.plugins.push(
      new CompressionWebpackPlugin({
        test: /\.(js|css|svg|woff|ttf|json|html)$/,
        threshold: 10240,
      })
    );
  },
}
```

Nginx 增加配置 gzip_static on，配置如下：

```
server {
  listen   80;
  server_name   localhost;
  location / {
    root    dist;
    index   index.html index.htm;
    gzip_static on;
    }
}
```

### 4. 跨域请求优化

因为活动中台生产的 H5 专题采用前后端分离方案部署上线，所以不同业务的数据请求域名与 H5 活动域名不一定一致，所以数据请求会受到浏览器同源策略影响。因此，我们需要开启跨域资源共享（Cross-Origin Resource Sharing，CORS）设置，允许 H5 域名跨域请求数据。

但是当 CORS 开启后，服务端会发起两次相同接口请求，其中第一个请求为预检请求，以检测实际请求是否可以被服务器所接受。预检请求报文中的 Access-Control-Request-Method 告知服务器实际请求所使用的 HTTP 方法，Access-Control-Request-Headers 告知服务器实际请求所携带的自定义首部字段。服务器基于从预检请求获得的信息来判断是否接受接下来的实际请求。

跨域请求分为简单和复杂两种，简单请求方式例如 HEAD、GET、POST，HTTP 请求头只能包含如下信息：

```
Accept
Accept-Language
Content-Language
Last-Event-ID
Content-Type
    application/x-www-form-urlencoded
    multipart/form-data
    text/plain
```

任何不满足上述要求的请求，都会被认为是复杂请求。复杂请求不仅有包含通信内容的请求，同时也包含预检查。如果我们在请求头中增加自定义 header，浏览器会将其认定为复杂请求，向服务器发出检查判断该域名是否允许跨域。通过实际的场景分析我们发现，自定义 header 发出预检请求至少会耗时 100 毫秒，无形中延长了页面绘制时间。

## 5.2.2 图像优化

网页中最频繁出现的静态资源是图片，本节主要从图片的加载优化入手，讲解几种有效的提升加载性能的方法。

### 1. 懒加载

懒加载方案是一种效果显著的优化方式，它能够在用户滚动页面时自动获取更多的数据，新获取的图片不会影响到页面呈现，同时视口外的图片有可能永远不需要被加载，能够极大地节约用户流量及服务器资源。在实际组件开发中，研发常常选择 vue-lazyload 来支撑组件的图片实现懒加载。在移动端环境下，图片加载一直是需要重点优化的关键项，所以才诞生了懒加载这种交互方案来提高用户体验。使用该方案时，需要考虑如何在保证图片质量的前提下，尽量压缩图片体积，动态加载合适的图片类型，以提升图片加载效率。

### 2. 文案图片优化

我们可以利用 SVG 绘制艺术字，来代替超大体积的活动文案图片，从而优化加载效率。

图 5-6　艺术字代码示例

以图 5-6 为例，实现方法是，首先通过定义 filter 完成文字的阴影底层，将其应用到第一个分组 <g/>，通过 stroke 的相关属性设置 width、linecap、linejoin 处理文字的笔锋逻辑，实现类似于背景字的概念。然后，再通过第二个分组 <g/> 输出前景字。我们将前景字填充色设置为白色，最后因为视觉效果上的三层叠加，结合华文琥珀字体的渲染，渲染出最终的艺术字效果。艺术字效果很多，技巧就是通过图层的不断叠加和 SVG 属性的灵活运用，搭配各式各样的字体，生产出丰富的艺术文字，从而减少加载图片的数量和体积。

完整代码，如下：

```
<style type="text/css">
```

```
/* 华文琥珀 */
@font-face {
  font-family: ' 华文琥珀 ';
  src:url('https://zhanstatic.vivo.com.cn/wukong/audio/8603d87e-53ab-45d9-87b4-
    42a0163247c5.ttf');
  font-display: swap;
}
</style>
<svg
  xmlns="http://www.w3.org/2000/svg"
    xmlns:xlink="http://www.w3.org/1999/xlink" version="1.1"
  xml:space="preserve">
  <filter id="shadow">
    <feGaussianBlur in="SourceAlpha" stdDeviation="0"></feGaussianBlur>
    <feOffset dx="5" dy="5" result="oBlur"></feOffset>
    <feFlood flood-color="rgb(0,94,96)" flood-opacity="0.6"></feFlood>
    <feComposite in2="oBlur" operator="in"></feComposite>
    <feMerge>
      <feMergeNode></feMergeNode>
      <feMergeNode in="SourceGraphic"></feMergeNode>
    </feMerge>
  </filter>
  <g>
    <g style="filter:url(#shadow)">
      <defs></defs>
      <defs></defs>
      <g font-size="72"
        style="font-family: 华文琥珀 ;;stroke: rgb(0,74,61);stroke-opacity: 1;stroke-
          width: 6;stroke-miterlimit: 1;stroke-linejoin: round;stroke-linecap:
          butt; ">
        <text alignment-baseline="auto" x="6" y="66"> 大 </text>
        <text alignment-baseline="auto" x="80" y="66"> 麦 </text>
      </g>
    </g>
    <g>
      <defs></defs>
      <defs></defs>
      <g font-size="72" style="font-family: 华文琥珀 ;fill: rgb(255,255,255); ">
        <text alignment-baseline="auto" x="6" y="66"> 大 </text>
        <text alignment-baseline="auto" x="80" y="66"> 麦 </text>
      </g>
    </g>
  </g>
</svg>
```

### 3. 动态字体压缩

我们可以使用艺术字体来有效减少图片的加载，但若为少量特殊文字全量引入字体文件，页面性能损耗会非常大。由于营销活动的复杂性与多样性，全部使用字体图片很难满足多变的运营需求。如何既满足字体多样性，又保证字体大小？最终，我们探索出一套动态字体压缩方案——字体压缩（也可以称为字体子集化），通过特定方式将中英文字从大字体文件中剥离，组合成小字体文件供页面使用。

我们使用 fontmin 来完成动态压缩字体，下方是字体压缩前后效果如图 5-7 所示。

| ▼ 📁 font | | -- | 文件夹 |
|---|---|---|---|
| 📄 方正楷体.ttf | | 3.9 MB | TrueType® 字体 |
| 📄 庞门正道标题体.ttf | | 1.9 MB | TrueType® 字体 |
| ▼ 📁 compressFont | | -- | 文件夹 |
| 📄 方正楷体.ttf | | 6 KB | TrueType® 字体 |
| 📄 方正楷体.woff | | 6 KB | 文稿 |
| 📄 庞门正道标题体.ttf | | 8 KB | TrueType® 字体 |
| 📄 庞门正道标题体.woff | | 8 KB | 文稿 |

图 5-7　字体前后压缩对比

实际上还有很多性能优化的方案，我们可以从感官上进行优化，也可以在技术上带来效果的提升。性能优化也是优秀的开发者具备的一种意识，我们需要在开发过程中建立这种意识，在产品细节、技术追求、功能体验上保证最终的呈现效果。

# 5.3　图片高效加载方案

手机端网页的加载速度对于用户体验极其重要，也是影响网页转化率的关键因素，H5活动页面经常使用大量图片素材来丰富活动效果，而图片加载的速度则会严重影响用户的感受。

针对 JPG、PNG 格式图片体积较大的问题，传统的做法是在离线时使用图片压缩工具进行压缩，再由页面引入压缩后的小体积文件。该方案在执行过程中存在明显的效率问题，需要开发人员或设计人员对每张素材图进行手工压缩，人工审核质量，再手动上传压缩后的文件。

为了实现高清晰度、高压缩比、小体积，我们最终选择 WebP 作为图片文件的首选格式。本节将从技术选型、方案设计到线上应用，全面展示基于 WebP 格式的高性能图片加载方案。

WebP 是 Google 推出的一种同时提供了有损压缩与无损压缩（可逆压缩）的图片文件格式。其派生自影像编码格式 VP8，被认为是 WebM 多媒体格式的姊妹项目。

相比于其他相同大小、不同格式的压缩图像，WebP 的优势体现在它具有更优的图像数据压缩算法，能带来更小的图片体积，而且拥有肉眼识别无差异的图像质量；同时具备了无损和有损的压缩模式、Alpha 透明以及动画的特性，与 JPEG 和 PNG 的互相转化效果都相当优秀、稳定和统一。

## 5.3.1　图片服务架构设计

活动中台的素材服务架构如图 5-8 所示。我们在 node server 中集成了图片转 WebP 格式的能力。node server 在接收到用户上传的图片文件数据后，首先尝试将其转码成 WebP 格式，然后将转码前后的文件一同上传至文件服务器 vivo fs，上传成功后将返回的 fs 地址链接与用户数据等一同存储在数据库中，最后将这些数据一并返回到前端。

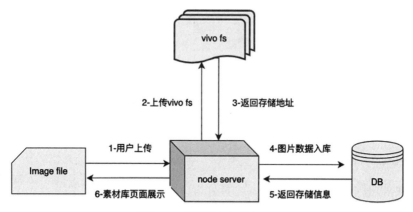

图 5-8 素材服务架构概要

如何实现原始图片到 WebP 格式的转码呢？首选工具便是强大的 cwebp。cwebp 是 Google 官方提供的用于将 PNG、JPEG、TIFF 等格式的文件压缩转换为 WebP 格式的命令行编码工具，读者可自行访问 Google 开发者文档 https://developers.google.cn/speed/webp/download 进行下载、安装，如图 5-9 所示。

## Downloading and Installing WebP

All our download packages are available in our downloads repository. We have:

- **Precompiled WebP utilities and library** for Linux, Windows and Mac OS X. They include:

  - The libwebp library, which can be used to add WebP encoding or decoding to your programs.

  - cwebp -- WebP encoder tool

  - dwebp -- WebP decoder tool

  - vwebp -- WebP file viewer

  - webpmux -- WebP muxing tool

  - gif2webp -- Tool for converting GIF images to WebP

  Installation instructions | Download for Windows | Download for Linux | Download for Mac OS X

- **Precompiled WebP framework** for iOS. Build details are contained in the README in the archive.

  Download

- **Source code of WebP library and utilities**. If the precompiled binaries don't suit your needs, you can compile them yourself.

  Installation instructions | Download | Latest source code

图 5-9 Google WebP 网站

cwebp 的基本用法如下：

```
cwebp [options] input_file -o output_file.webp
```

其中 input_file 是源文件地址；options 是压缩参数配置，包含是否启用无损压缩（-lossless），压缩系数（-q（0～100））等，如使用 80 的压缩系数对目标文件进行有损压缩，命令如下：

```
cwebp -q 80 image.png -o image.webp
```

上述代码是在本地安装工具进行离线压缩，那如何搭建线上压缩服务？

我们使用了 cwebp-bin 的第三方 Node.js 模块，该模块内部集成了 WebP 的工具程序 libwebp-x.x.tar.gz。图片压缩的 Node.js 服务利用 cwebp-bin 实现从常见格式图片到 WebP 的转码。在服务器执行如下指令完成安装：

```
npm install --global cwebp-bin
```

在实际使用时，编译上线时会偶发该安装包资源请求失败的问题，为了保障安装顺利，需要将 cwebp 源码引用的安装包的下载地址，由原 GitHub 下载地址改为更加稳定的 Google 官方下载地址，代码如下：

```
// node_modules/@vivo/cwebp-bin/lib/install.js - line 14
binBuild.file(path.resolve(__dirname, '../vendor/source/libwebp-1.1.0.tar.gz'), [
    `./configure --disable-shared --prefix="${bin.dest()}" --bindir="${bin.
      dest()}"`,
    'make && make install'
  ])

// 更改为
// node_modules/@vivo/cwebp-bin/lib/install.js - line 14
var cfg = [
    './configure --disable-shared --prefix="' + bin.dest() + '"',
    '--bindir="' + bin.dest() + '"'
    ].join(' ');

var builder = new BinBuild()
.src('http://downloads.webmproject.org/releases/webp/libwebp-0.5.1.tar.gz')
.cmd(cfg)
.cmd('make && make install');
```

cwebp-bin 安装完成后，图片压缩服务中使用以下代码调用 cwebp 工具进行原图到 WebP 的转码：

```
const {execFileSync} = require('child_process');
const cwebp = require('cwebp-bin');

// 无损压缩
execFileSync(cwebp, ['-lossless', filePath, '-o', webpPath]);

// 90% 质量比有损压缩
```

```
execFileSync(cwebp, ['-q', '90', filePath, '-o', webpPath]);
```

考虑到效率和空间上的节约，我们接下来需要对有损压缩和无损压缩两种形式进行对比测试并得到更优的方案。如果损失了 20% ～ 30% 的精度后，用户肉眼难以区分，那么这个精度的损失就是有意义的，因为相对于无损压缩，有损压缩带来的体积缩小及压缩时的效率，都比无损压缩更适用于企业的生产模式。我们选取了色彩单一、色彩较为丰富和色彩极为丰富的三张图片进行测试，并列出了上述图片分别使用 WebP 无损压缩和有损压缩进行测试的样本数据。

WebP 无损压缩数据统计如表 5-5 所示。

表 5-5　WebP 无损压缩数据统计

| 图片 | 原大小（KB） | 压缩时间（ms） | 压缩后大小（KB） |
| --- | --- | --- | --- |
| 色彩单一 | 439 | 657 | 303 |
| 色彩较为丰富 | 259 | 251 | 144 |
| 色彩极为丰富 | 632 | 1205 | 2200 |

WebP 无损压缩（90% 质量比）数据统计如表 5-6 所示。

表 5-6　WebP 无损压缩（90% 质量比）数据统计

| 图片 | 原大小（KB） | 压缩时间（ms） | 压缩后大小（KB） |
| --- | --- | --- | --- |
| 色彩单一 | 439 | 129 | 46 |
| 色彩较为丰富 | 259 | 25 | 24 |
| 色彩极为丰富 | 632 | 249 | 435 |

从上面两份测试数据可以得出，对于同一张图片，从压缩比来看，90% 质量比的有损压缩得到的图片体积比无损压缩产出图片体积小 20%；从压缩时间来看，90% 质量比的有损压缩耗费的时间是无损压缩的 20% 以内。对于不同图片，色彩越丰富，压缩花费的时间越长，压缩比越小，甚至会出现压缩的图片体积超过原图的情况（具体原因见下文）。所以通过以上测试数据反映的结果来看，有损压缩的优势更大。

既然我们选用 WebP 有损压缩的形式来进行图片的压缩，那么就不得不考虑进一步的问题：WebP 压缩比设置为多少才是最佳实践？于是我们对上述图片进行了不同压缩比下的压缩测试，得到抽样数据进行对比。

WebP 有损压缩（90% 质量比）数据抽样如表 5-7 所示。

表 5-7　WebP 有损压缩（90% 质量比）数据抽样

| 图片 | 原大小（KB） | 压缩时间（KB） | 压缩后大小（KB） |
| --- | --- | --- | --- |
| 图一 | 439 | 129 | 46 |
| 图二 | 259 | 25 | 24 |
| 图三 | 632 | 249 | 435 |

WebP 有损压缩（默认值 75% 质量比）数据抽样如表 5-8 所示。

表 5-8 WebP 有损压缩（默认值 75% 质量比）数据抽样

| 图片 | 原大小（KB） | 压缩时间（KB） | 压缩后大小（KB） |
|------|------------|-------------|---------------|
| 图一 | 439 | 107 | 35 |
| 图二 | 259 | 21 | 13 |
| 图三 | 632 | 215 | 268 |

之所以选择 75% 质量比来做对比，是因为 cwebp 有损压缩的默认质量比是 75%，这个比例也是通常情况下官方推荐的。但是在实际业务场景下，75% 的质量比并不能满足产品需求。比如说一张图片经过压缩后需要同时在移动端和 PC 端使用，或图片的色彩过于复杂等这些情况，此时如果使用 75% 质量比进行有损压缩，图片局部会有模糊的情况。

经过与设计师的反复测试实验，我们最终选择了 90% 的质量比来代替默认的 75%。此时转换后的图片与原图片的 SSIM 指标不会小于 0.88，视觉效果上用户基本发现不了图片已经进行了压缩。

结构相似性指标（Structural Similarity Index，SSIM Index）是一种用以衡量两张数位影像相似程度的指标。当两张影像其中一张为无失真影像，另一张为失真后的影像，二者的结构相似性可以看成是失真影像的影像品质衡量指标。相较于传统所使用的影像品质衡量指标，像是峰值信噪比（PSNR），结构相似性在影像品质的衡量上更能符合人眼对影像品质的判断。

关于 WebP 压缩质量与 SSIM 的比例关系，读者可自行参考 Google 官方说明 WebP Compression Study。我们可以通过在 webp 的执行命令中加入 -print_ssim 选项，令压缩结果中呈现 SSIM 信息：

```
await execFileSync(cwebp, ['-print_ssim', '-q', '90', filePath, '-o', webp
```

执行输出信息截图如图 5-10 所示。

```
Saving file '1.webp'
File:      1.jpg
Dimension: 3648 x 2736
Output:    1176018 bytes Y-U-V-All-PSNR 45.53 48.19 51.31    46.49 dB
           (0.94 bpp)
block count:  intra4:     31391   (80.51%)
              intra16:     7597   (19.49%)
              skipped:     2314   (5.94%)
bytes used:  header:        397   (0.0%)
             mode-partition: 151022 (12.8%)
 Residuals bytes  |segment 1|segment 2|segment 3|segment 4|  total
      macroblocks: |      3%|      19%|      24%|      55%|  38988
      quantizer:  |     12 |     12 |     10 |      6 |
      filter level: |      4 |      3 |      2 |      1 |
SSIM: B:16.80 G:18.08 R:17.61 A:99.00 Total:18.72
```

图 5-10 带有 SSIM 信息的压缩指令输出

我们在测试的过程中还观察到，一些图片转换为 WebP 格式后文件体积反而比原图更大。根据 Google 官方文档，这是格式差异及转码算法导致的，WebP 的质量比设置超过

75%，在遇到一些特殊编码的图片时，会调整压缩时的算法，如下所示。

❑ 当图片的编码类型处理后发生变化时，压缩后的图片体积就会变大。例如编码类型从索引类型变为真彩类型，这种场景下压缩时需要处理的像素点数就会大三倍，所以压缩图片的体积就大了。

❑ 当原图片中重复的颜色数目比较多时，WebP 有损压缩时会根据原像素值计算出新的像素值，而压缩时重点会处理的就是重复的颜色数目，所以压缩后的图片体积自然就大了。

❑ 当原图中包含透明管道时，由于 WebP 并不支持灰度图带上透明通道这种类型，包含透明通道就将格式固定成了 RGBA 格式，导致了要保存的数据体积变大。

面对这个问题，我们与设计师、产品人员共同制定了相应策略，如果压缩后的文件体积大于原图，则使用原图。在制定了合适的压缩比例和压缩方案后，我们就可以对图片压缩服务进行整体设计，流程如图 5-11 所示。

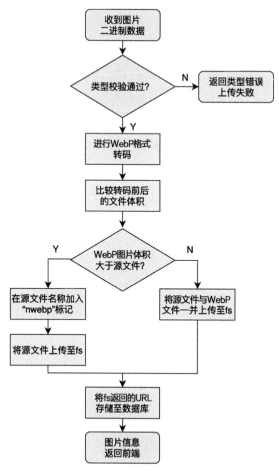

图 5-11  图片压缩服务流程

- □ node 执行 cwebp 指令对图片文件进行转码；
- □ 当转码后的图片体积大于源文件时，在 WebP 图片的文件名后追加"nwebp"字符串标记，以便前端识别；
- □ 将编码后的 WebP 文件和源文件一并上传至文件服务器，并拿到返回的 URL；
- □ 将图片名称、存储资源路径等存储至素材中心服务数据库中；
- □ 存储完成后将图片名称、存储资源路径等通过接口返回前端展示。

### 5.3.2 实战中 WebP 的应用

前端页面策略是当网页运行在支持 WebP 格式的宿主环境（如 Chrome、Android Webview 等）中时，优先使用 WebP 图片资源，在不支持的宿主环境中使用原始图片资源。所以加载图片前需要判断当前宿主环境是否支持 WebP，可以参考以下代码：

```
const supportWebP = (function () {
  var canvas = typeof document === 'object' ? document.createElement('canvas') : {}
  canvas.width = canvas.height = 1
  if (canvas.toDataURL) {
    return canvas.toDataURL('image/webp').indexOf('image/webp') === 5
  }
  return false
})()
```

前面讲解了后台图片压缩和存储服务的设计，接下来我们一起了解一下在前端逻辑上是如何加载 WebP 图片的。流程如图 5-12 所示。

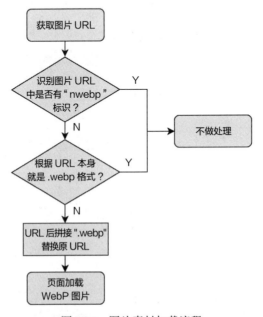

图 5-12 图片素材加载流程

　　获取元素关联素材 URL 的方式有多种。我们需要在图片资源加载之前获取 URL，并对其进行处理，而 Vue 提供的自定义指令可以入侵性极小地拿到目标元素的相关信息。关于 Vue 自定义指令的介绍和应用可以参考 Vue 官方文档，此处不再赘述。

　　由于我们只需要在图片加载前获取并处理其 URL，因此可以使用 bind 指令进行一次性的初始化设置，当指令第一次绑定到元素时调用能获取到元素关联的素材的 URL，以 <img /> 元素为例：

```
bind: function (el, binding) {
  if (el.tagName.toLowerCase() === 'img'
    && el.src && el.src.indexOf('data:image') === -1
    && supportWebP) {
    // 通过 src 属性获取 img 元素关联的图片地址
    var _src = el.src
    // ... 对 img 的后续处理
  }
}
```

　　首先判断当前 URL 中是否有素材上传时标记的 nwebp 字样，如果有则说明该图片转为 WebP 格式后体积反而大于原图，此时无须使用 WebP 素材替换原有素材；否则，加载体积更小的 WebP 文件代替原素材文件。然后，判断当前运行环境是否支持 WebP 格式图片的渲染，如果支持，则加载 WebP 素材资源，否则使用原文件链接。对于 template 中声明的 <img /> 元素，我们仅需要在其标签上添加前文定义的 v-webp 指令：

```
<img src = 'https://someurl' v-webp>
```

　　Vue 在 <img /> 元素的创建阶段，会执行 v-webp 指令中定义的 hook 方法。在 hook 方法中，我们可以根据 <img> 元素的 el.src 属性，获取到图片的地址。当判断网页运行环境支持 WebP 图片格式时，该指令代码将在原图片地址后拼接 .webp 后缀名，让浏览器直接请求 WebP 图片地址；如果运行环境不支持 WebP 图片格式，则不做任何处理，直接加载原图。演示代码如下：

```
// 不支持 WebP 格式的环境中退出本流程, 加载原图
if (!supportWebP) {
  return
}
// 带有 nwebp 标记的图片不做转换
if (_src.indexOf('nwebp') > -1) {
  return
}
el.src = _src + _src.indexOf('.webp') > -1 ? '' : '.webp'
el.onerror = function () {
  // WebP 加载失败则回退至源文件
  el.src = _src
}
```

对于用图片作为页面元素背景图的情况，由于无法通过合适的元素属性获取图片链接，因此我们在为元素标签添加 v-webp 指令的同时要绑定图片 URL，保证在 hook 中可以根据 binding.value 获取到图片链接。

```
<div v-webp='https://someurl'></div>
```

当判断需要采用 WebP 格式文件时，在原素材 URL 后拼接 .webp 构造成加载用的 URL，否则直接使用原图 URL，然后为该 DOM 元素设置内联的 backgroundImage style 即可，代码如下：

```
if (supportWebP) {
  el.style.backgroundImage = 'url("' + webpSrc + '")'
} else {
  el.style.backgroundImage = 'url("' + binding.value + '")'
}
```

### 5.3.3 提升 WebP 的兼容性

WebP 格式虽然具备压缩率高、体积小等优势，但是作为 Google 定义的图片格式，并不是所有浏览器通用的图片格式规范，像 Safari 和 FireFox 这种市场占有率很高的浏览器，均没有很好地支持该格式，如图 5-13 所示。

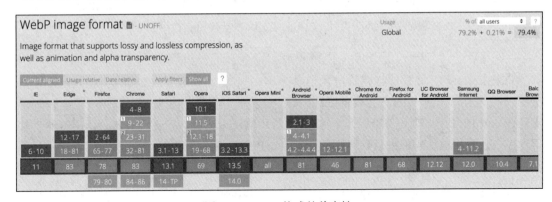

图 5-13　WebP 格式的兼容性

为了让活动中台产出的 H5 活动页能够在更多的浏览器中加载、渲染，我们在 WebP 格式的纯前端解码方面做了下面的探索。核心理念是将 WebP 图片作为传输介质，首先保证了页面图片资源的加载速度，对于不支持 WebP 的浏览器环境，将 WebP 图片解码成浏览器通用的 Base64 格式进行渲染。

纯前端是否可以实现 WebP 格式到 Base64 格式的解码呢？ Google 官方团队提供了 JavaScript 解码 WebP 的库——libwebp（https://libwebpjs.appspot.com ），但是我们随机挑选了一些 WebP 图片进行测试，发现性能欠佳，如表 5-9 所示。

该方案下，WebP 图片的实际加载时间为网络数据传输用时 + 解码用时。面对性能要求较高的场景，WebP 的加载速度会严重受限于 JavaScript 不算优秀的运算能力。我们再次研究 libwebp 的资料，得知 webp_js 还有一个 WebAssembly 版本可供我们在提升性能的角度进一步探索。

WebAssembly 作为 Web 标准，在各个浏览器均有较好的支持，兼容性远强于 WebP。WebAssembly 可以作为 C、C++、Rust 等语言的编译目标在浏览器环境中以接近原生的速度运行，计算性能要远远优于 JavaScript。

WebAssembly 中胶水 JS（JS glue code）的作用是提供 JavaScript 调用 wasm 能力的接口。我们将 libwebp 编译成 wasm 文件供 JavaScript 调用，提供高速解码 WebP 的能力。具体的编译过程可以参照 libwebp/webp_js 的编译说明，编译环境建议使用 Linux/Unix，其余步骤此处不再赘述。

编译后我们得到了 wasm 文件（GZIP 压缩后体积 51KB）和胶水 JS（GZIP 压缩后体积 44KB），使用上述素材进行性能测试，测试得出：

❑ 当 WebP 素材较小时，wasm 解码相对于纯 JavaScript 解码，可以节省近一半的时间；
❑ 当 WebP 素材较大时，wasm 可以使解码速度提升超过 100%，且随着素材增大，速度提升越明显。

测试采样数据如表 5-10 所示。

表 5-9　WebP 解码耗时测试

| WebP 大小（KB） | 解码用时（ms） |
| --- | --- |
| 1320 | 312 |
| 156 | 101 |
| 104 | 33 |
| 92.6 | 32 |
| 51 | 21 |
| 29.7 | 23 |

表 5-10　测试采样数据

| WebP 大小（KB） | 解码用时（ms） |
| --- | --- |
| 1320 | 93 |
| 156 | 42 |
| 104 | 15 |
| 92.6 | 16 |
| 51 | 12 |
| 29.7 | 14 |

有了 WebAssembly 的加持，我们将原有图片加载流程进一步优化，若 H5 页面所在环境支持 WebP 格式，直接加载 WebP 图片；若 H5 页面所在环境不支持 WebP 格式，则加载并使用 WebAssembly 将 WebP 数据解码为 Base64 格式，替换原素材。流程图如图 5-14 所示。

以 <img/> 元素为例，代码处理逻辑如下：

```
// 如果当前浏览器环境不支持 WebP 格式
// 则使用 wasm 将 WebP 文件解码为 Base64
if (supportsWebP) {
  el.src = webpSrc
} else {
  // 使用 fetch 请求拿到 WebP 文件
  const res = await fetch(webpSrc)
  // 设置拿到的文件的编码，以符合 wasm 解码的入参条件
```

```
const webp_data_buffer = await res.arrayBuffer()
const webp_data = new Uint8Array(webp_data_buffer)
// 调用碎 wasm 编译生成的胶水 JS 的解码方法，将解码后的 Base64 值作为图片素材的 URL 使用
el.src = wasmDecode(webp_data)
}
```

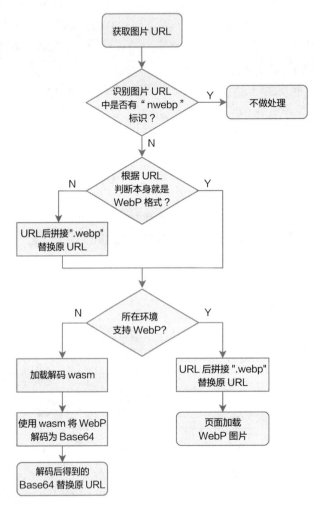

图 5-14　升级后的图片素材加载流程

我们尝试构造多素材图片的 H5 活动页在 Safari 中测试，效果如表 5-11 所示。

表 5-11　切换 WebP 指令加载耗时测试

| | 不使用 v-webp 指令 | 使用 v-webp 指令 |
| --- | --- | --- |
| 平均加载时长（ms） | 423 | 247 |
| 平均渲染时长（ms） | 86 | 31 |

从结果中可以看出，在不支持 WebP 的宿主中使用 v-webp 指令后，页面响应速度和图片渲染速度都有较大的提升，也极大地缩短了页面白屏时间。我们从提高 H5 页面图片加载

性能的要求出发，经过从压缩格式选择、压缩形式和压缩速率选取、集成通用的前端指令，到利用 WebAssembly 改进兼容性等方法的尝试，设计并实现了一套基于 WebP 的图片加载性能优化通用方案，改善了 H5 网页的性能和效果。

## 5.4 网页秒开探索

随着移动设备的性能不断提高，前端技术发展迅速，网页的性能体验逐渐变得可以接受。又因为 H5 开发模式的诸多好处，例如跨平台、动态更新、体积小等优点，客户端里开始出现越来越多的内嵌网页应用，甚至不少应用会把高频变动的功能模块改用 H5 技术实现。

尽管浏览器和移动设备的性能大幅提升，但由于浏览器自身的加载机制，不同的网页渲染方式会带来不同的渲染问题。下面我们将通过行业中普通应用的渲染模式，结合 vivo 自身特点，为读者带来基于客户端 WebView 的秒开优化探索。

### 5.4.1 网页渲染模式

前面为大家详细讲解了评估浏览器网页性能的几项重要指标及其含义，本节将通过讲解不同渲染模式对核心性能指标的不同影响，让读者对每种模式对自身业务的适应性更为清晰。同时也会介绍应用场景特殊的网页渲染模式。

典型的单页应用程序（Single Page Application，SPA）在浏览器中的渲染阶段示意如图 5-15 所示。SPA 把页面内容和逻辑都放到同一个 Web 页面中，根据路由的变化去替换相应的页面内容和交互逻辑。

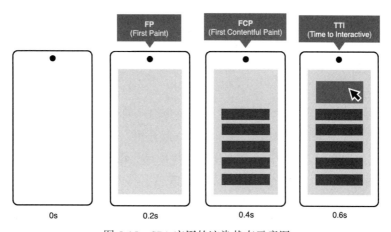

图 5-15 SPA 应用的渲染状态示意图

当浏览器开始渲染页面时，首先在页面加载之前触发白屏，在这段时间内，浏览器不会呈现任何内容和信息给用户。如果页面设置了背景颜色，在 FP 阶段可以看到页面出现了背景色；如果没有设置，用户将持续停留在白屏阶段。背景色很快就可以完成绘制，但是实际的内容和交互可能要花很长的时间去加载，因此，白屏时间过长会让用户误以为我们的页面不可用或可用性差。

接下来，我们将阐述不同的网页渲染模式对 FP、FCP、TTI 这三个关键指标的影响。

### 1. CSR

客户端渲染模式（Client-Side Rendering，CSR），顾名思义就是页面渲染、页面路由、脚本逻辑、后台接口请求均在浏览器或应用客户端中发生，如 SPA 单页应用。目前主流的前端框架，如 Vue、React、Angular 均采用了 CRS 渲染方式，也正是它们的出现，软件开发架构才真正意义上实现了前后端分离。

因为页面渲染的逻辑发生在客户端，它的主文档网络请求中仅包含了 JavaScript、CSS 和必要的 HTML 元素，所以 CSR 模式中 FP 时间是最短的。从用户网站使用体验上来说，CSR 的用户体验占优势。

正是由于 CSR 主体文档请求体积小的优势，导致用户可观察到有效内容的时间（FCP）大大变长，也就是动态内容展示的延迟很大。整个过程中，用户需要等待静态资源文件加载完成，才能构建真实有效的用户界面。界面会长时间处于不可交互的首屏白屏状态，给用户一种网页打开很慢的感觉，如图 5-16 所示。

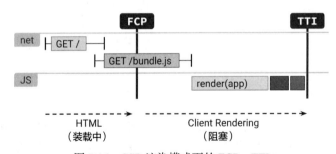

图 5-16　CSR 渲染模式下的 FCP、TTI

### 2. Prerendering

预渲染（Prerendering）模式是指开发者在构建编译网页程序时，将其初始化的状态捕获为静态 HTML。预渲染常常要搭配 CSR 模式一起使用，我们可以在打包编译阶段进行预渲染或者生成骨架屏代码，缩短用户感官上的白屏时间，进一步提升首次渲染的用户体验。

预渲染的方法有很多，行业中成熟的方法是使用 prerender-spa-plugin 编译插件，该插件在 webpack 完成打包后，后台启动 server 模拟网站运行，再使用 Chrome headless 浏览器 去访问配置的页面路由，利用类似爬虫的技术，将获取页面的结构数据写入指定的目录文件中。

CSR + Prerendering 的渲染方案有一个不可避免的问题，即页面都依赖页面中动态请求数据生成的节点，对搜索引擎的 SEO 不友好且用户实际的 FCP 时间并没有改善。

与预渲染模式类似的还有静态渲染（StaticRendering）模式，它常常出现在网页静态化场景中。该模式是将网站中每个 URL 对应的网页内容进行后台生成，常见于页面内容通过静态请求合成，最后部署在 CDN 中的情况。相比于访问动态网页，静态网页可以提供更快速的 FP、FCP 和 TTI。静态渲染模式加载过程如图 5-17 所示。

### 3. SSR

服务端渲染（Server-Side Rendering，SSR）模式在 Web 开发领域是一个很经典的概念。在前后端未分离的开发模式下，我们的 Web 程序开发都是以服务端渲染为主，即在服务端生成完整的 HTML 页面，如 JSP、PHP、ASP.NET 技术。

SSR 模式将页面必备的数据结合于页面模板进行服务端渲染，生成网页文档返回给浏览器，用户直接看到的就是可使用的主题文档。该模式省略了浏览器或客户端再次请求数据的网络开销，减轻了渲染视图模板的性能负担。同时，SSR 具备更好的 SEO，搜索引擎可以直接抓取完全渲染的页面。

对于传统的技术，以 JSP 为例，虽然主体 HTML 是在 Java 服务端生成，但是用户在需要交互时，所产生的数据请求，可能需要使用 jQuery 的 Ajax 方法再次发起请求，该模式就是 SSR 异构渲染模式。虽然页面加载有着相同的 FCP，但此时页面看起来具有欺骗性，如果客户端的 JavaScript 没有完成加载，或者没有及时为 DOM 绑定事件，就会给用户带来交互无法生效的糟糕体验。该模式的加载过程如图 5-18 所示。

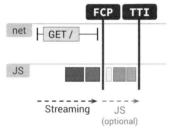

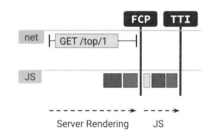

图 5-17　静态渲染模式下的 FCP、TTI　　　图 5-18　SSR 异构渲染模式下的 FCP、TTI

我们可以利用 SSR 同构渲染模式来解决这个问题。当客户端拿到服务端返回的 HTML 代码和初始化数据时，通过对 HTML 的 DOM 进行 Patch 和事件绑定对 DOM 进行客户端激活（Client-Side Hydration，CSH），这个过程就叫 SSR 同构渲染。以 Vue 前端技术栈为例，CSH 指的是 Vue 在浏览器端接管由服务端发送的静态 HTML，并将其变更为由 Vue 管理的动态 DOM 的过程。简单来说，只要满足三个条件：SSR、同一份代码、CSH，就可完成 SSR 同构渲染。目前，现代化前端所推行的 SSR 渲染模式，默认就是同构模式。如果项目使用的是 Vue 技术栈，Nuxt.js 是实施 SSR 同构方案的首选框架。它提供了开箱即用的 SSR 和静态站点生成的解决方案。该模式加载过程如图 5-19 所示。

相较于 CSR 模式，虽然 SSR 返回的主体内容变多了，但是我们可以搭配懒加载功能，对首页不重要的模块进行延迟加载，达到与 CSR 不相上下的 FP 时间。同时，我们可以将高频访问的功能页进行 SSR 转化，其他二级页继续采用 CSR 模式支撑，在减轻服务端压力的同时预备了出现问题的降级措施。

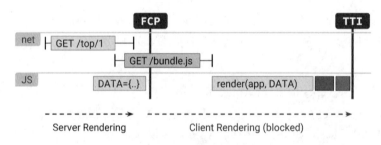

图 5-19 SSR 同构渲染模式下的 FCP、TTI

虽然 SSR 模式在 FCP、TTI 性能上的指标表现会远超 CSR 模式，用户体验极佳，但实现 SSR 还需要前端开发工程师对 Node.js 相关服务端知识有一定的掌握。服务端的功能比浏览器端更复杂，开发工程师不仅要考虑前端用户交互功能，还需要涉及服务端熔断策略、负载的相关设计。同时，SSR 还需要更多的服务设备及其资源，与 CSR 相比开发成本明显提高。虽然现在有 Serverless 技术加持，可以减少前端人员在服务侧的投入，但目前还没有成为主流，需要谨慎尝试。CSR 与 SSR 的优劣势对比如表 5-12 所示。

表 5-12　CSR 与 SSR 的优劣对比

| | 优势 | 劣势 |
|---|---|---|
| CSR + 预渲染 | FP 时间最快；<br>部署灵活，方便简单；<br>非首次，访问速度快；<br>单页用户体验好 | 不利于 SEO；<br>首次访问，加载速度慢，FMP 慢 |
| SSR 同构渲染 | 搜索引擎可以抓去网页内容，有益于 SEO；<br>首屏加载速度最快，FCP 最佳 | 服务器机器支撑，且需要负载考量；<br>跳转新页面，需要重新加载；<br>对前端工程师要求高 |

通过表格的总结我们可以看出，SSR 强在首屏渲染，而 CSR 胜在用户和页面多交互的场景。在 vivo 活动中台技术体系中，默认选择 CSR+ 预渲染的方案来支撑活动效果。当然，对于同一个应用，渲染模式也不是必须固定的，例如活动中台支持将编译前的源码包聚合突出，开发者可以同时使用 SSR、CSR 两种模式进行部署：在非大量请求场景下，使用 SSR 模式，保证正常场景下的用户最优的效果体验；在高频请求的场景下切换为 CSR，为服务器减少压力，提升线上稳定性。

此外，vivo 还在网页首屏 ajax 数据请求较多的活动场景中做了介于 CSR 和 SSR 之间的加速模式尝试。其实现原理是：通过设置中间服务器，动态合成网页首屏所依赖的数据请求，并将合成数据和拦截 ajax 的 JSSDK 写入响应的网页。以下是具体的实现步骤。

步骤 1：配置需要加速的网页。

开发人员可以在后台将页面的 ajax 信息预先配置并存储，如请求链接、请求方式、动态参数等。此处的参数需要支持获得动态参数的表达式，比如从 cookie、URL 获取实际请求参数。

步骤 2：部署动态服务器拦截网页。

用户访问网页时，如果网页链接中带有诸如 speed=1 这样的加速标识，CDN 会将请求转发到拦截服务器。该服务器将执行该页面中 ajax 的配置，并将请求网络中的数据写入合成网页。

步骤 3：写入合成的数据和拦截 ajax 的 JSSDK。

为了能拦截网页首屏的 ajax 数据请求，服务器也会在写入数据的同时写入一段 js 脚本。该脚本负责代理 XMLHttpRequest 和 Fetch 对象，提供 beforeRequest 方法（数据请求前）。该方法在判断到页面请求的网络数据在本地存在时，终止原始请求，自动将响应数据转发至本地网页。

按照以上步骤，我们完成了一个通用的网页加速方案。其优点是：无侵入，降级策略简单，忽略了客户端环境对请求的干扰。但是，这种方法不适合网页首屏数据请求少、网络环境好的情况。

每一种渲染方案都有自身的优势和劣势，读者一定要从自身的业务诉求出发，平衡好投入产出比，综合选择适合自己的方案。

## 5.4.2　WebView 秒开方案

除了通用且成熟的渲染方案，行业中也有许多根据自身业务优势提出的渲染方案，例如阿里 CDN 团队提出的边缘流式渲染（Edge Side Rendering，ESR），通过利用 CDN 边缘计算的能力，缓存的静态内容可以快速进行响应，而动态请求将从该 CDN 节点发起，在完成响应后，继续流式返回给用户。充分利用 CDN 服务器比业务服务器因距离用户更近，网络响应延迟更短的优势，更好地完成了页面渲染。

再例如 UC 浏览器在新闻 feed 流页面加载中采用了 NSR（Native Side Rendering）技术，通过加载离线页面模板结合 Ajax 预载的页面数据，渲染生成 HTML 数据并且缓存在客户端。当用户打开页面时，立即得到渲染好的页面。NSR 将服务器的渲染工作转移到了用户客户端中，实现了页面的预加载，同时不会产生额外的服务器压力。

vivo 的大多数线上营销活动都是面向 vivo 终端用户的，所以我们可以利用主场优势构建优化方案。行业中的客户端加载优化方案也都依靠自身的 App 宿主环境来建设符合各自诉求的加载优化机制。因此，vivo 也构建了统一的 H5 秒开解决方案，从加载环境构建到资源请求优化，持续寻求开屏更快的可能性，帮助生态系统中的客户端应用，迅速拉齐 H5 加载效果。

### 1. 加载环境构建

App 在网页下载请求发出之前，首先需要初始化 WebView 组件实例，该过程是绝大部分应用视图白屏的原因。为了缩因 WebView 初始化造成的白屏时间，vivo 采取了 WebView 预热策略，使用 Context 包装类 MutableContextWrapper 传入 Application，预创建 WebView 对象，并将其推入 WebView 缓存池。当系统需要使用时，可直接从缓存池中取出已经完成初始化的 WebView 组件，并重新设置真正的 Context，这样就节省了因 H5 环境准备而消耗的时间。

当 WebActivity 销毁时，需要将当前的 WebView 销毁且不再复用，同时生成一个全新的 WebView 实例补充进缓存池，供下次打开 WebActivity 使用。整体流程如图 5-20 所示。

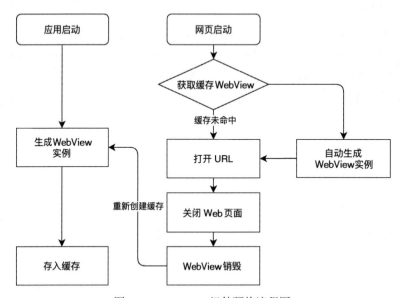

图 5-20　WebView 组件预热流程图

## 2. 预取 H5 离线资源包

采用 SSR 渲染方案的 H5 应用，可以极大地提升页面 FCP 时间，但是返回的网页文档中可能包含大量的 CSS 样式文件、JavaScript 脚本图片、视频、字体等媒体必备资源，这些资源需要在主文档完成下载后，再陆续开始请求和渲染，在整体体验上仍会有滞后感。在资源加载缓慢、呈现体验差的背景下，我们设计了基于客户端离线包缓存的优化策略。首先准备页面所需要依赖的 H5 资源文件包，再将其内置到客户端本地缓存系统，最后拦截客户端 WebView 的网络请求，进行本地资源映射转发。通过该策略，我们实现了 H5 页面依赖静态资源的加载从网络请求向本地磁盘 I/O 读取的转化，极大地节省了静态资源网络下载的时间，提升了页面最终的呈现速度。整体流程如图 5-21 所示。

内置资源文件确实可以解决网络请求的时间消耗，但同时又消耗了客户端的磁盘空间，也导致了客户端与 H5 的高度耦合。若客户端中都有多个 H5 页面入口，每个安装包中都需要携带多个 H5 的静态资源包，那么客户端的体积无疑是不可控的。如果 H5 页面有内容更新，那之前内置的静态资源就失效了，又需要引入新的静态资源，导致客户端重新发版。这样的代价是不能接受的。

针对此问题，我们设计了资源包云端更新的通用策略，把内置资源包更改为预留缓存路径，并在客户端启动时，从服务器查询并拉取、更新所需静态资源包。当新的 H5 资源缓存完成后，将废弃资源及时释放。整体流程如图 5-22 所示。

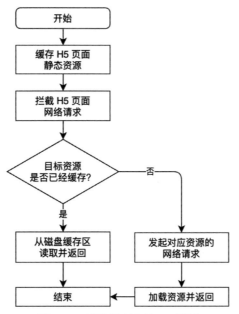

图 5-21  读取缓存中的 H5 资源

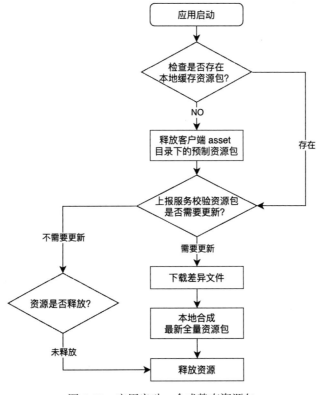

图 5-22  应用启动，合成静态资源包

在数据缓存方面，秒开方案采用了 FastIndex + MemoryCache + DiskCache 的缓存设计。使用内存进行资源缓存的优势在于，在非首屏加载 H5 的场景下，可以有效减少文件读取耗时，即从本地磁盘 I/O 读取渲染优化到更快的内存读取渲染。该缓存设计最大限度地提高了缓存命中效率，通过 FastIndex 实现加速资源文件索引，并记录了加速文件的 MimeType、Key 等信息，进一步降低查询资源的计算消耗。整体缓存方案如图 5-23 所示。

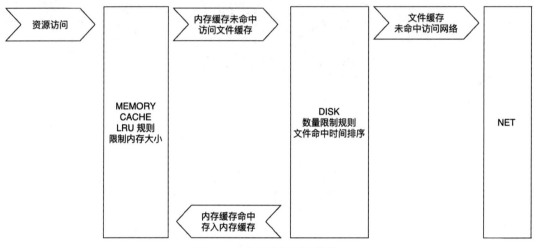

图 5-23　文件数据缓存设计

### 3. 资源并行加载

因为涉及离线包的资源管理，所以秒开方案也提供了相应的资源包管理系统，方便开发者快捷进行部署、回撤资源包操作，同时支持秒开方案的调整。功能如图 5-24 所示。

从图 5-24 中可见，我们可以在上传资源包的同时，配置并行加载、入口预加载和仅 WiFi 更新的能力。

资源并行加载的方案，是针对 H5 的首页入口文件和必备的数据请求进行设计的。当用户打开网页时，如果匹配到已经预制的入口文件，如 index.html，则使用缓存中的 HTML，避免 DNS 查询等耗时的操作。该方式仅用于入口非频繁变化的场景。

当启用并行加载时，研发同时录入数据请求，WebView 在启动时直接发起数据请求，当页面完成加载后，也会拦截数据请求，提升页面元素呈现速度。并行加载设计流程如图 5-25 所示。

至此，基于 vivo 生态客户端的秒开方案讲解就告一段落了，尽管现阶段 H5 的页面性能和体验还无法媲美原生应用，但 H5 在效率和效果上做到了很好的平衡。在 vivo 的前端技术体系中，我们选择了符合业务需求的最佳渲染方案，同时从客户端本地载体切入，提升网页首帧效果，优化白屏问题，提升用户体验，并形成最佳实践。

图 5-24 秒开后台配置

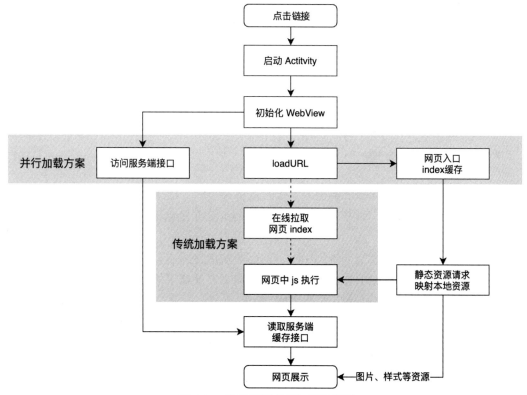

图 5-25 秒开资源并行加载流程图

## 5.5　H5 跨屏动态适配方案

活动中台在面对海量的活动需求时，常规的布局方式已经难以支撑所有场景，我们需要从不同的需求中提炼出特定场景下的共性特征，设计出多种创意布局方案。

在 H5 页面布局时有一个核心问题，我们需要适配的设备很多，但设计稿只有一份。随着智能手机不断发展，手机屏幕宽高的比例一直在调整，从 3:4、9:16、9:19 发展到 9:21，分辨率也从 480p、720p、1080p 到现在的 2k。很明显，设计师不可能对每一个场景都进行相应的创作，一般只能输出一个固定标准尺寸的设计稿，例如 1080×1920。但 H5 前端开发者在进行样式布局时，需要根据设计师的设计图稿，开发出不同屏幕尺寸、分辨率的适配效果。

想象一下，如果你面对几个设备，可能会写出几种适配的风格，但如果你面对几十个，甚至是几百个设备，这就不是简单的编码就能解决的问题，我们需要一个更加有效的方法，即制定一套规则，让遵循这些规则的网页在移动设备展示时能够自行适应所在的屏幕状况。

本节从单页满屏的布局思考入手，以微组件为单元，提出了一种新的布局设计思路——基于预设的动态布局方案，同时详细介绍该方案的设计目标和具体实现方法。

### 5.5.1　普适性布局方案

为了实现移动端页面样式自适应，我们从静态布局、流式布局、发展到响应式布局、弹性布局。目前行业普遍采用的是使用 rem 尺寸单位的移动端适配方案，即基于设备像素比计算并设置相应的 HTML 根字体大小。计算 1rem 长度占用的像素数目公式为设备可见内容宽度 /1080×100，这里选择 100，是为了方便实际 HTML 元素单位转换为 rem 计算。例如 1080px 的设计稿，设置 1rem 对应设计稿中的 100px，则 1rem 要占屏幕可视区域宽度的 100/1080。示例代码如下：

```
var documentEl = document.documentElement
documentEl.style.fontSize = documentEl.clientWidth / 10.8 + 'px'
```

但是当用户在浏览器设置中调整了字体的默认大小时，使用 rem 的网页会由于基准值的变化而使页面意外缩放。如图 5-26 所示，相同的卡片在字体不同时会发生形变，不利于用户浏览。

我们希望浏览器改变默认字体大小时，不会影响最终的渲染字体在视觉上的效果。因此我们利用字体百分比尺寸的特质改进方案，将浏览器基准字体转换为百分比形式，再用基准字体的百分比基于页面初始字体大小进行换算：

```
// 适配不同屏幕页面基准字体
var fontSize_px = document.documentElement.clientWidth / 10.8;

// 获得初始化字体大小
var rootFontSize =
```

```
parseFloat(window.getComputedStyle(document.documentElement).fontSize)

// 为根节点设置的百分比字体
var fontSizePercent = fontSize_px / rootFontSize * 100 %

documentEl.style.fontSize = fontSizePercent
```

图 5-26　更改浏览器默认字体大小

所以即使用户设置了浏览器的默认字体，例如从 16px 变更为 20px，百分比字体 fontSizePercent 也会跟着改变，始终保持基准字体大小。

但这样设置存在的问题是，只有在我们指定基准字体大小之前，才能获取浏览器初始的基准字体，一旦进行计算并重新指定了基准字体，系统将无法获得默认基准字体。例如将中号字体改为大号字体后，上述的方法需要在浏览器中设置字体大小，用户重新刷新页面才能恢复页面正常渲染尺寸，刷新之前的页面布局仍然会被浏览器字体设置影响。

因此我们继续进行改进，先将 rootFontSize 进行存储，在用户使用浏览器设置完字体后将其取出，作为浏览器字体设置更改前的渲染字体参与计算。计算公式为：实际字体大小 = 更改前渲染字体 × 更改前百分比字体 = 更改后渲染字体 × 更改后百分比字体。

网页无法直接监听用户对浏览器的设置，但由于每次进入浏览器设置字体时，网页页面都是不可见的，故我们可以以监听网页是否可见来代替监听用户对浏览器的设置，重新计算更改后的百分比字体。此时用户无须再手动刷新，即可恢复正常页面浏览体验。完整代码如下：

```
// 获取文档对象的根元素
var docElem = document.documentElement;
// 获取当前视口下要横向占满窗口所需的 CSS 像素数
var clientWidth = docElem.clientWidth;
// 获取默认字体大小
var rootFontSize = parseFloat(window.getComputedStyle(docElem).fontSize)
// 使用百分比尺寸设置基准字体
docElem.style.fontSize = clientWidth / 10.8 / rootFontSize * 100 + '%';

// 将设置后的网页字体大小，进行存储
var lastFont = parseFloat(window.getComputedStyle(docElem).fontSize)
```

```
var refreshFont = function () {
  // 如果当前已经更改过基准字体，则获取更改前的渲染字体大小
  if (lastFont) {
    // 计算更改浏览器字体设置过后的渲染字体
    var currentFont = parseFloat(window.getComputedStyle(docElem).fontSize)
    // 获取改浏览器字体设置前的根元素百分比字体大小
    var lastPercent = docElem.style.fontSize.split('%')[0]

    // 因为（更改前渲染字体 × 更改前百分比字体 = 更改后渲染字体 × 更改后百分比字体）
    // 计算更改后的百分比字体并应用到根元素
    docElem.style.fontSize = lastPercent * lastFont / currentFont + '%'
    // 将当前的渲染字体存放，以便下一次更改浏览器字体时调用
    lastFont = parseFloat(window.getComputedStyle(docElem).fontSize)
  }
}
// 监听页面是否可见
document.addEventListener('visibilitychange', refreshFont)
```

经过上述设置，在不同的字体设置场景下的表现如图 5-27 所示。

图 5-27　不同字体，统一字体渲染

该方案的优势是面对不同大小、比例和素质的屏幕，只需要写一套样式，就能够做到对设计稿视觉效果的精准还原。跨屏适配的逻辑代码可以直接复用，再配合 px2rem 插件，几乎不会产生额外工作量。以 Vue 工程配置为例，代码如下：

```
// yarn add postcss-plugin-px2rem -D
// vue.config.js
module.exports = {
  css: {
    loaderOptions: {
      postcss: {
        plugins: [
          require('postcss-plugin-px2rem')({
            // 换算基数
            rootValue: 100,
            // 默认 false，可利用正则表达式排除某些文件夹
            exclude: /(node_module)/,
            // 默认 0，设置要替换的最小像素值
            minPixelValue: 3
```

```
                })
        ]
    }
   }
  }
}
```

实际编码效果如图 5-28 所示。

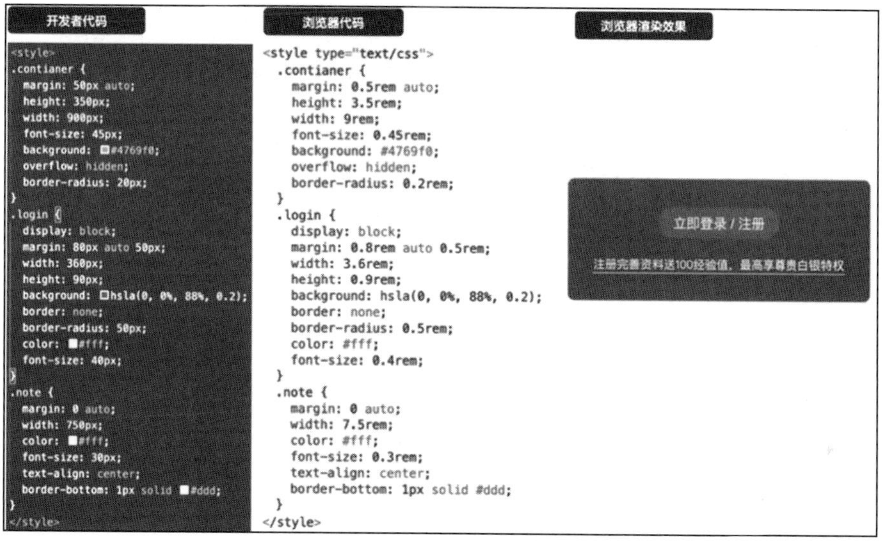

图 5-28 实际编码效果

## 5.5.2 H5 在满屏下的痛点

上述方案是 vivo 互联网前端项目经常使用的适配方案，但是该方案在面对单页满屏的活动场景时，会存在适配效果不够理想的问题。在单页或滑屏 H5 场景下，活动呈现的页面内容恰好占满视口，rem 或 vw 方案都不能很好地适配这种场景。

由于基于 rem 的方案特点是动态适配且对设计稿的精确还原，因此当遇到实际可视区域与设计稿比例不一致的情况，就会出现纵向适配问题当设备视口比设计稿长时，页面纵向无法填充一屏，会出现底部留白；当设备视口比设计稿短时，就会出现页面纵向内容无法一屏显示的问题，即元素溢出。示例如图 5-29 所示。

为解决纵向适配问题，我们将页面内容分为背景图和内部元素两部分，并有针对性地进行属性调整，以初步解决问题。

背景元素一般有两种适配方案：拉伸填充和裁切溢出。拉伸填充的思路是，让背景直接在横向、纵向进行平铺，缺点是会令背景图片由于拉伸、收缩而产生形变，比例失衡。示例代码：

```
background-size: 100% 100%;
```

图 5-29　底部留白与元素溢出

裁切溢出的思路是在保持背景图比例不变的前提下，使其大小能够完全覆盖窗口大小，并将多余的横向、纵向部分裁掉。示例代码：

```
background-size: cover;
background-position: center;
```

两种背景适配方案的演示效果如图 5-30 所示。

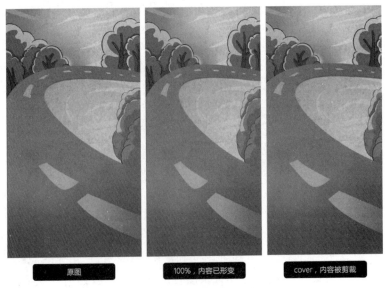

图 5-30　填充和裁切示意

对于页面内部元素，我们采用固定定位方法即 position:fixed，固定它相对于窗口的各个边的位置。固定定位元素如图 5-31 所示。

图 5-31　固定元素在不同尺寸屏幕中的展示

## 5.5.3　预设性的优化

上述背景、元素适配方案让页面内容所占空间始终与视口区域相同，初步满足了满屏的需求，但是固定定位方式下元素始终是以自己的某条边相对于视口的对应边框的位置进行定位的，比如只能是元素顶部相对于窗口顶部位置固定，而不能实现元素底部相对于窗口顶部位置固定的需求。

同时，由于所有元素根据屏幕实际宽度进行了等比缩放，对屏幕剩余空间的利用是静态的，即当屏幕宽高比变化时，所有元素总是同时占据或者让出特定比例的空间。在空间紧凑的情况下，可能会出现非重点内容元素（点缀作用）抢占了重点内容元素的空间的问题。图 5-32 反映了固定定位方案在可视区域变小时，元素对剩余空间的挤占。

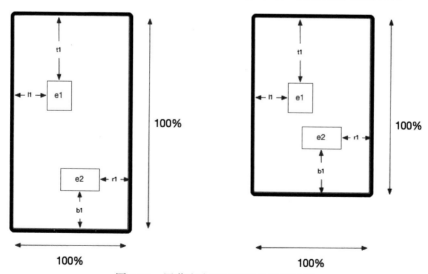

图 5-32　屏幕变小后空间竞争问题示意

为了进一步提升满屏场景布局的效果，vivo 活动中台基于 rem 布局方案，借鉴了元素相对窗口固定定位的思想，提出并实现了基于设备情况进行预设的动态布局方案。预设规则的思路是通过用户在配置页面时提供的页面背景图和内部元素的属性、定位进行预设，实现页面与不同视口的良好适配。图 5-33 展示了同一套代码在不同规格设备下 H5 页面内容总能恰好占满视口，没有溢出也没有留白。观察黑色矩形框选出来的差异处，这些差异就是提前进行预设的效果。

图 5-33　满屏场景示意

我们提供了多种背景图填充方式，供用户灵活选择，如图 5-34 所示。

其中：

❑ 默认代表不对 background-size 进行设置；

❑ 100% 对应 CSS 中 background-size 的 100% 形式；

❑ 包含对应 CSS 中 background-size 的 contain 形式；

❑ 覆盖对应 CSS 中 background-size 的 cover 形式；

❑ 重复平铺对应 CSS 中 background-size 的 repeat 形式。

对于更加复杂的页面元素，我们需要提供缩放行为预设来解决前文所说的空间竞争问题，并且提升元素定位的灵活性。我们将元素分类，并引入主要元素和次要元素的概念：

❑ 主要元素指页面中需要突出的重点内容，在视口尺寸发生变化引起的空间竞争中，处于优势地位；

❑ 次要元素指页面中相对不重点的内容，在视口尺寸发生变化引起的空间竞争中，处于劣势地位。

为了使运营用户更容易理解主要元素和次要元素的预期行为，我们在元素权重中设置放大元素为主要元素的别名，缩小元素为次要元素的别名，其余称为默认元素，如图 5-35 所示。

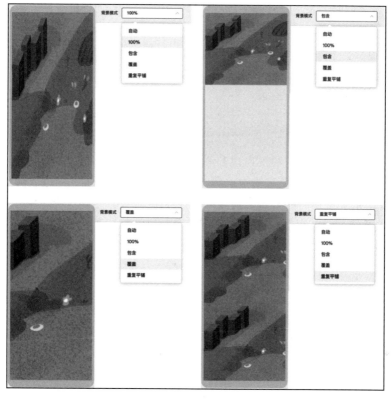

图 5-34　背景图预设示意

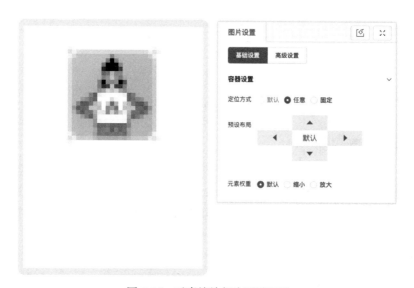

图 5-35　元素缩放行为预设配置

同时，我们将视口分为与设计稿比例相同的基准视口和运行时的实际视口，当一个视口与基准视口比例不同时，称为非基准视口。我们为实际视口中的元素设置如下缩放行为：

❑ 当实际视口短于基准视口时，主要元素大小保持不变，次要元素按视口比例缩小；

❑ 当实际视口长于基准视口时，主要元素按视口比例放大，次要元素大小保持不变。

经过以上缩放行为预设，我们可以灵活定义不同元素在实际视口中的缩放行为，解决元素因视口变化出现的空间竞争问题。

关于定位方式预设，我们在元素内部选取一个定位中心作为锚点，将来元素的定位都是基于锚点进行计算的。锚点的设置可以让元素的定位更加灵活：如果将元素的锚点设置为页面顶部，即可实现元素相对视口顶部距离固定，这是常规固定定位无法实现的。通过预设布局元素，我们可以预设其锚点吸附于视口的顶部、底部、左边或右边。用户通过该设置，可以让元素在不同的显示设备视口中，采用不同的方案，例如用户设置"吸顶靠右"，元素就会在不同的尺寸中，始终与顶部和右侧保持等比距离，再配合权重设置，可保证在显示过程中元素选择放大行为来突出显示，如图 5-36 所示。

图 5-36　元素定位方式预设配置

### 5.5.4　预设规则的实现

下面介绍预设规则的具体实现方法。我们使用基准宽度和基准高度描述基准视口的宽度与高度，基准宽度用 baseW 表示，其值为 10.8rem，对应 1080px 设计稿，同理基准高度 baseH 的值设置为 21.6rem。类似地，我们使用实际宽度和实际高度描述实际视口宽度与高度，设实际宽度和高度分别用 realW 和 realH 表示，且由于使用基于 DPR 和 rem 的方案，很容易得出：

```
realW = baseW = 10.8rem
```

此时，实际视口与基准视口的差别就在于 realH 与 baseH 的不同，如图 5-37 所示。

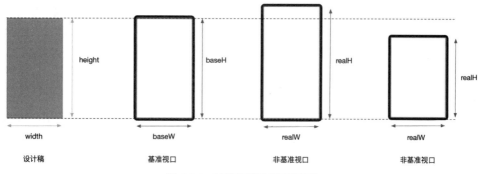

图 5-37　基准宽高与实际宽高

根据下方公式，将 realW 为 10.8 代入即可求得实际视口的 CSS 高度：

```
realW / realH = window.innerWidth / window.innerHeight
realH = (10.8 * window.innerHeight) / window.innerWidht
```

我们使用 scaleType 描述元素缩放类型，其可选值有三个：zoomIn（放大）、zoomOut（缩小）和 standard（不进行缩放）。使用 scale 描述元素在实际视口与标准视口下的缩放比。设元素在基准视口下的宽高为 width 和 height，则元素在实际视口下的宽高分别为 baseW * scale 和 baseH * scale，如图 5-38 所示。

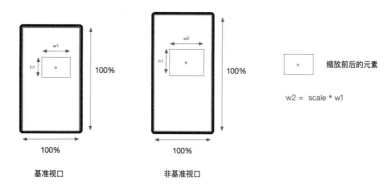

图 5-38　缩放比计算示意

我们使用视口高度比描述实际视口与基准视口的比例，设其为 windowHeightRatio，公式如下：

```
// 计算视口高度比
windowHeightRatio = realH / baseH
```

对于 scaleType 为 zoomIn 的元素，当实际视口高于基准视口时，元素缩放比为视口高度比，元素表现为放大；当实际视口不高于基准视口时，元素缩放比为 1，元素大小保持不变。即：

❑ 当 windowHeightRatio > 1，实际视口大于基准视口时，元素 scale = windowHeightRatio；

❑ 当 windowHeightRatio ≤ 1，实际视口小于等于基准视口时，元素 scale = 1。

对于 scaleType 为 zoomOut 的元素，当实际视口低于基准视口时，元素缩放比为视口高度比 realH / baseH，元素表现为缩小；当实际视口不低于基准视口时，元素缩放比为 1，元素大小保持不变。即：

❑ 当 windowHeightRatio ≥ 1，实际视口大于等于基准视口时，元素 scale = 1；

❑ 当 windowHeightRatio < 1，实际视口小于基准视口时，元素 scale = windowHeightRatio。

对于 scaleType 为 standard 的元素，元素始终与设计稿尺寸保持一致，对所有情况下的 windowHeightRatio，元素 scale 值永远为 1，示例代码如下：

```
// 根据元素缩放类型确定元素的实际缩放比
switch (scaleType) {
  case 'zoomIn':
    scale = windowHeightRatio >= 1 ? windowHeightRatio : 1
    break
  case 'zoomOut':
    scale = windowHeightRatio >= 1 ? 1 : windowHeightRatio
    break
  default:
    scale = 1
}
```

代码效果如图 5-39 所示。

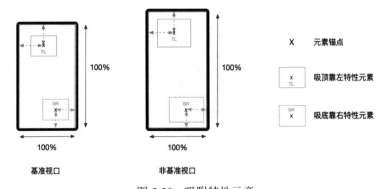

图 5-39　吸附特性示意

对于某个元素，若其在水平或竖直方向并不吸附于某一条边，而是相对于顶部到底部或左边到右边的距离是固定比例，则称其为按比例居中，如图 5-40 所示。

我们以视口左上角作为定位坐标系的原点 (0, 0)，使用元素锚点相对于定位原点的距离进行吸附性描述。设元素与基准视口顶部及左边的距离为 baseTop 和 baseLeft，元素与实际视口顶部及左边的距离为 realTop 和 realLeft，如图 5-41 所示。

吸顶元素的特性是元素锚点与视口顶部距离固定，即在不同视口中，元素高度的一半与元素顶部到到屏幕顶部的距离之和是不变的，如图 5-42 所示。

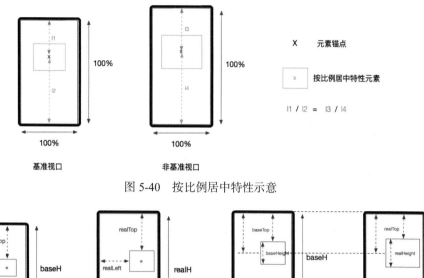

图 5-40 按比例居中特性示意

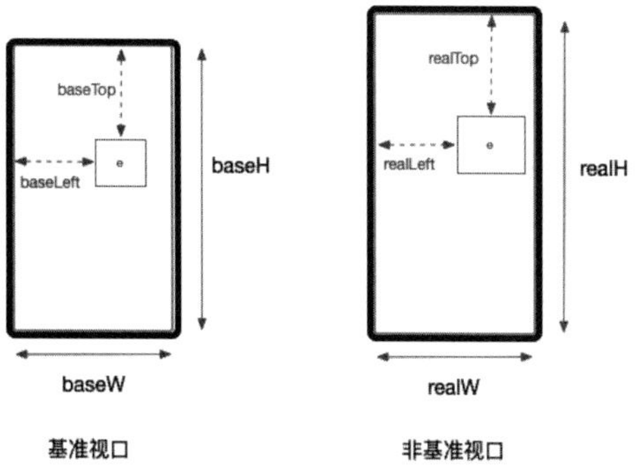

图 5-41 baseTop、baseLeft、realTop 和 realLeft 示意 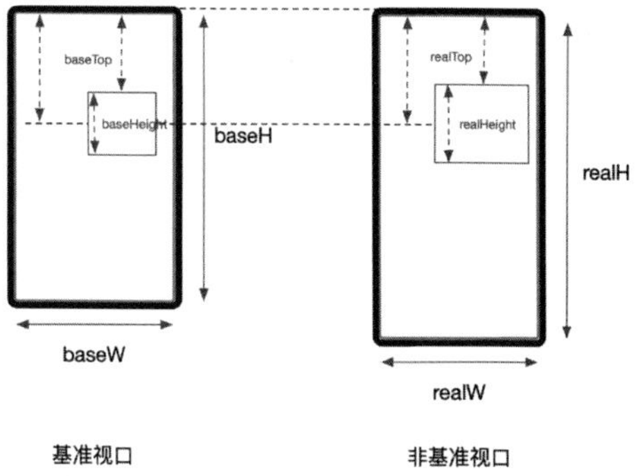　　图 5-42 吸顶计算规则示意

根据上述特性，我们有如下换算关系：

```
height / 2 + baseTop = height * scale / 2 + realTop
realH = baseH * scale
// 求得
realTop = height / 2 + baseTop - (height * scale) / 2
```

吸底元素的特性是元素锚点与视口底部的距离固定，即在不同视口中，元素高度的一半与元素底部到屏幕底部的距离之和是不变的，如图 5-43 所示。

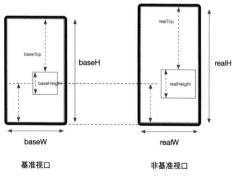

图 5-43 吸底计算规则示意

故应有如下换算关系：

```
baseH - (baseTop + height / 2) = realH - (realTop + height * scale / 2)
// 求得
realTop = realH - baseH + (baseTop + height / 2) - (height * scale) / 2
```

对于垂直方向按比例居中的元素，其特点是锚点距视口顶部和底部的距离成固定比例，即在不同的视口中，元素高度的一半加上元素顶部到屏幕顶部的距离之和，与元素高度的一半加上元素底部到屏幕底部的距离之和是相等的，如图 5-44 所示。

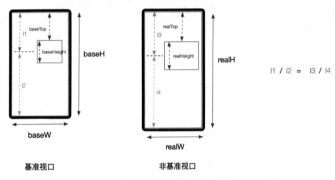

图 5-44  垂直方向按比例居中计算规则示意

故应有如下换算关系：

```
(height / 2 + baseTops) / baseH = (height * scale / 2 + realTop) / realH
// 求得
realTop = (realH / baseH) * (height / 2 + baseTops) - (height * scale) / 2
```

对于靠左元素，特点是锚点距离视口左边框的距离固定，即在不同视口中，元素宽度的一半与元素左边到屏幕左边的距离之和是固定的，如图 5-45 所示。

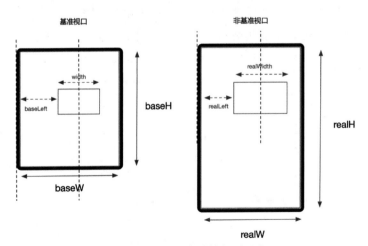

图 5-45  靠左元素计算规则示意

故应有如下换算关系：

```
baseLeft + width / 2 = realLeft + width * scale / 2
// 求得
realLeft = baseLeft + width / 2 - (width * scale) / 2
```

同理，对于靠右元素有：

```
realLeft = realW - baseW + (baseLeft + width / 2) - width * scale / 2
```

对于水平方向按比例居中的元素，根据元素锚点到屏幕左右边框距离相等，可以得到：

```
realLeft = (realW / baseW) * (baseLeft + width / 2) - (width * scale) / 2
```

由于我们基于 rem 和 DPR 的布局方案的准则是视口宽度总是 10.8rem，即 realW 实际和 baseW 在数值上相等，因此上述结果可以简化为：

```
realLeft = (baseLeft + width / 2) - width * scale / 2
```

至此，我们已经完成了对预设规则的两个特征——元素缩放和元素定位的设计。在满屏的需求场景下，我们只需要对其中的元素使用固定定位方案，结合前面几个步骤求得 scale、realTop 和 realLeft 即可，示例代码如下：

```
style = `
  top: ${realTop}rem;
  left: ${realLeft}rem;
  width: ${width}rem;
  height: ${height}rem;
  transform: scale(${scale});
`
```

如果我们的页面由多个满屏页组成，并且可以进行满屏页面的切换，实现类似幻灯片一样的效果，则实际上每个满屏的页面都是我们为页面准备的具备满屏特性的容器，容器内部的元素在进行布局时，需要相对于容器进行绝对定位。

既然我们已经有了元素锚点的概念，那就可以使用元素锚点的偏移量进行定位。锚点是 CSS 中的 transform-origin 属性，即 transform-origin：center，假设元素均处于默认起始位置（top = left = 0），我们使用 transform 属性对元素的偏移位置进行设置：

```
// 锚点竖直方向原位置
realAnchorY = realTop + height * scale / 2

// 锚点竖直方向目标位置
realAnchorY = realTop + height * scale / 2
```

代码效果如图 5-46 所示。

通过下方示意代码，可求得锚点竖直方向和水平方向的偏移量。

```
// 锚点竖直方向的偏移量
```

```
offsetVertical = realAnchorY - baseAnchorY = realTop + height * scale / 2 -
  height / 2
```

```
// 同理求得锚点水平方向的偏移量
offsetHorizontal = realAnchorX - baseAnchorX
```

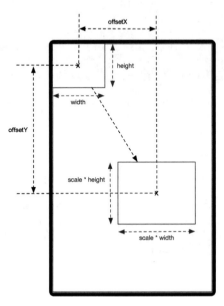

图 5-46　锚点偏移示意

最终元素应用的样式如下：

```
style = `
  top: 0px;
  left: 0px;
  width: ${width}rem;
  height: ${height}rem;
  transform-origin: center; // 锚点设置
  transform: translateX(${offsetVertical}rem)
            translateY(${offsetHorizontal}rem)
            scale(${style.scale});
`
```

　　目前基于行为预设的动态布局方案已经是 vivo 活动中台单页活动满屏场景的默认布局配置方案了，用户通过简单的两步操作，便可对选中元素的吸附和缩放特性进行预设。基于行为预设的动态布局方案在一定程度上实现了根据视口尺寸对元素定位和大小的动态设置，达到了恰到好处地突出重点的效果。当然，根据业务实际的情况，预设方案也可以有多种不同的灵活实现，比如元素的响应式缩放、吸附特征以及锚点位置的设置，都可以根据需求动态调整。

第三部分 *Part 3*

# 活动中台技术探索

本部分将为读者介绍 vivo 活动中台在微前端架构之外的通用化能力探索。它们是构建活动中台架构不可或缺的关键因素，包括对智能化前端、低代码的思考和尝试。

# Node.js 在中台应用上的实践

Node.js 技术的出现，打破了原来前端职能的界限，无论是全栈开发系统，使用 API proxy 的 BFF 中间层，还是采用主流前端框架的 SSR 解决方案，都可以很好地将前端的应用能力推向更广阔的业务场景。活动中台同样采用了 Node.js 技术。本章将与读者分享 Node.js 在实战业务中的应用技巧，以及如何结合流行的前端框架，打造高效的开发工作流。

## 6.1 企业级 NPM 私服实践

通过前文，读者可以了解到微组件是构建 H5 页面的核心部件，它需要开发者线下完成开发，在线提交到活动中台。为了不影响开发者的正常开发习惯，我们使用基于 Node.js 的包管理工具 NPM 来存储微组件代码包。NPM（Node Package Manager）是 Node.js 社区最流行、支持第三方模块最多的包管理器。在微组件的构建规范中，我们同样利用了 package.json 来记录微组件的工程信息，与 NPM 包规范保持一致，所以微组件与普通的 NPM 组件在开发方式上不会存在差异。

NPM 允许开发者获取第三方包并应用在工程里，也允许开发者将编写的包或命令行程序进行二次分享发布。换句话说，NPM 可以让 JavaScript 开发人员更容易地分享和重用代码，这与我们微组件的设计理念高度吻合。

但微组件的代码往往涉及一些敏感的业务信息，NPM 代码上传后，会默认在外网公开。考虑到企业代码和数据安全，我们需要搭建一套本地私有 NPM 代理服务，负责在企业内网的插件版本、权限的管理，在安全性得到保障的同时，提升多人插件开发的协作效率。

搭建一套功能齐全、高稳定性、高扩展性的企业级 NPM 私服是微前端架构中的关键工

作。我们对社区推荐的搭建工具，如 Nexus3、Cnpmjs、Sinopia、Verdaccio，进行了深入对
比，从可扩展性、社区活跃度、部署的便捷性等方面综合考虑，最终选择 Verdaccio 作为微
组件的私服搭建工具。

## 6.1.1 安装部署 Verdaccio

Verdaccio 是一个轻量级开源的代码私仓工具，安装部署十分便捷，只要具备 Node.js
环境便可快速安装。

首先，通过 NPM 全局安装 Verdaccio：

```
npm i verdaccio -g
```

启动 Verdaccio：

```
verdaccio
warn --- config file  - /Users/vivo/.config/verdaccio/config.yaml
warn --- Verdaccio started
warn --- Plugin successfully loaded: verdaccio-htpasswd
warn --- Plugin successfully loaded: verdaccio-audit
warn --- http address - http://localhost:4873/ - verdaccio/4.10.0
```

此时启动日志会输出 http://localhost:4873/ 的访问地址，该网址是用户上传 NPM 包后
展示的网页，如图 6-1 所示。如果显示该页面，说明我们已经部署成功。因为目前还没有
上传 NPM 包，所以页面会提示发布包到该仓库中。

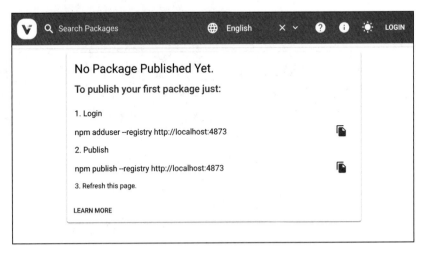

图 6-1　Verdaccio Web 面板

然后，我们开始配置 Verdaccio。在启动日志中，我们可以发现 Verdaccio 的配置文
件存放在用户目录下的 config/verdaccio/config.yaml 配置文件中，编辑该文件即可修改
Verdaccio 的配置。当然，我们也可以复制该配置文件，在外部进行配置修改，然后在启动

时指定配置文件地址，使修改的配置生效。

```
# /.config/verdaccio/config.yaml
mkdir verdaccio && cd verdaccio
cp -r /.config/verdaccio/config.yaml ./
vi ./config.yaml
```

打开该配置文件，其中 storage 用于配置用户发布到私有仓库中的包的存放地址，默认存放于 ~/.config/verdaccio/storage 中。因为该文件夹中不仅包含私有代码包，还包含公有仓库中拉取并缓存的包。

uplinks 可以声明多个上游 NPM 源，当客户端请求的包不存在于本台私服时，可以通过配置 proxy 轮询查找。

```
# 该目录存放用户下载安装已缓存的包文件
storage: ./storage
# 存放 verdaccio 插件目录
plugins: ./plugins

# 定制 Web 界面
web:
  # 是否开启 webui 服务
  enable: true
  title: # 网站首页的正文标题
  logo: #logo 图片的远程链接，注释采用默认的 logo
  # 支持头像，默认关闭
  gravatar: true
  # 默认情况下 package 的排序方式为 asc
  sort_packages: asc
  # 是否启用黑暗主题色
  darkMode: true

# https://github.com/verdaccio/ui/tree/master/i18n/translations
i18n:
    web: zh-CN # 默认是 en-US，我们改为默认中文

auth:
  htpasswd:
    # 存放用户账号密码文件
    file: ./htpasswd
    # 允许注册的最大用户数，默认无上限，为 "+inf"
    # 设置为 -1 时，表示禁用注册功能
    # max_users: 1000

# 上游链的配置
uplinks:
    # 添加 taobao 源
  taobao:
    url: https://registry.npm.taobao.org
    agent_options:
```

```
keepAlive: true
maxSockets: 400
maxFreeSockets: 100
```

下面的代码是 .config/verdaccio/config.yaml 配置文件中关于 packages 的配置情况，通过配置该参数可以设定包访问、发布、使用的权限，设置包是否代理到公有 NPM 仓库等。当然我们在为包配置权限时，除了 $all、$authenticated、$anonymous，也可以明确具体的用户名，详细说明见注释：

```
packages:
  '@vivo/*':
    # scoped packages
    access: $all
    publish: $authenticated
    unpublish: $authenticated
  '**':
    # 默认情况下所有用户（包括未授权用户）都可以查看和发布任意包
    # 你可以指定 用户名 / 分组名（取决于你使用什么授权插件，默认的授权插件是内置的 htpasswd）
    # 访问权限有三个选项
    # $all 表示不限制，任何人可访问
    # $anonymous 表示未注册用户可访问
    # $authenticated 表示只有注册用户可访问
    access: $all

    # 允许所有注册用户发布 / 撤销已发布的软件包
    # 默认选项是任何人都可以注册
    publish: $authenticated
    unpublish: $authenticated

    # 如果私有包服务不可用在本地，则会代理请求到 taobao
    # 注意：当配置多个 proxy 时会轮询寻找资源，一般公网配置一个即可
    proxy: taobao
```

通过以上参数的配置，我们约定 vivo 开发者上传发布的 NPM 代码包，必须以 @vivo 为前缀进行命名。开发者通过插件私服使用 NPM 包的情况，一般分为私有包和非私有包两类，当 Verdaccio 解析到 @vivo 开头的包时，将不会通过代理向外网查询，而对于其他的非私有包，Verdaccio 将会通过代理访问到 NPM 公有仓库查找资源并进行拉取。当非私有包拉取完成后，私服会将 NPM 包缓存至我们在配置文件中指定的 storage 目录。

因为 Verdaccio 默认监听 4873 端口，我们可以通过指定 listen 参数修改端口配置，并支持通过外网 IP 访问 Verdaccio 私服。配置文件如下：

```
# 若配置文件中默认没有设置端口，则修改为 0.0.0.0:{port}，支持通过外网 IP 访问
listen: 0.0.0.0:8888
```

如果直接在终端输入 Verdaccio 启动私服，会因为终端关闭导致私服停止运行。所以我们需要一个守护进程能够自动启动 Verdaccio 服务，同时防止服务器出现问题重启时，需

要再将服务拉起。传统的做法是编写一个检测服务是否正常的 Shell 脚本，再结合 Linux 的 nohup & crontab 功能来检测服务心跳是否正常，若有异常则重启 Verdaccio。nohup 命令可以忽略 Linux 终端工具的挂断消息，从而允许任务继续在服务器上运行；crontab 命令可以启动定时任务，这里我们将指定脚本文件来检测心跳。

我们推荐选择 PM2 方案来达成相同的目的。编写 ./start.sh 脚本，代码如下：

```
# ./start.sh
verdaccio -c ./config.yaml

# 全局安装 PM2
> npm i -g pm2

# 执行命令
> pm2 start ./start.sh --name verdaccio

# 查看启动日志
> pm2 log
```

## 6.1.2　利用 NRM 来使用私有源

NRM（NPM Registry Manager）是 NPM 的镜像源管理工具，因为默认安装的 NPM 包管理工具使用的是默认源地址 https://registry.npmjs.org/，所以我们需要将其切换至部署的私有源。当然，读者也可以使用以下命令进行切换，例如下方代码，将本地源快速切换成淘宝源。

```
npm config set registry https://registry.npm.taobao.org
```

使用 NRM 工具，无须在本地设置语句，即可实现在不同 NPM 源间的快速切换，方便维护和管理。

首先，全局安装 NRM：

```
> npm install -g nrm
> nrm -h
Options:
  -V, --version                # 列出当前版本号
  -h, --help                   # 输出使用信息

Commands:
  ls                           # 列出所有 NPM 镜像源
  current                      # 显示当前使用的 NPM 镜像源
  use <registry>               # 更改当前使用的 NPM 镜像源
  add <registry> <url> [home]  # 添加一个自定义的镜像源
  del <registry>               # 删除一个自定义的镜像源
  test [registry]              # 显示指定或所有镜像源的响应时间
  ...
```

其次，添加和使用私有源：

```
# 根据实际情况设置具体 IP 和 port
> nrm add verdaccio http://127.0.0.1:8888
> nrm use verdaccio
```

当本地切换使用源成功后，我们可以通过 NPM 原来的命令来注册用户、提交代码包：

```
# 注册用户
> npm addUser
> npm whoami
# 发布插件
> cd plugin && npm publish
```

## 6.1.3　内置插件扩展私服能力

Verdaccio 有着极强的可扩展性，本身也提供了集成式的插件安装和开发方式。我们通过安装 yeoman 来生成预设的插件开发脚手架。

```
# 安装 yeoman
> npm install -g yo

# 安装插件生成器
> npm i -g generator-verdaccio-plugin

# 使用 yo 命令来生成预设的插件开发脚手架
> yo verdaccio-plugin
...
? What kind of plugin you want to create?
>>auth
  storage
  middleware
```

Verdaccio 有五种插件类型，分别为认证方式（Authentication）、中间件（Middleware）、存储（Storage）、自定义主题（Custom Theme）、过滤器（Filter）。预设的开发脚手架默认提供前三种插件的预设模板。

以认证方式插件为例，该插件中提供 authenticate 函数，用户的每次请求都会触发此函数，我们可以通过重写 allow_access 、allow_publish、allow_unpublish 等方法来实现权限的验证。注意，这三个方法都需要返回一个回调函数，该函数自动注入了三个参数：user、pkg、callback。

❑ user：用户信息，包含 name、groups 属性。

❑ pkg：NPM 包信息，包含 name 、action 属性。

❑ callback：完成权限认证后需要执行的函数。

初始化模板代码示例如下：

```
class AuthCustomPlugin {
  constructor(config, options) {
```

```
    return this;
  }
  authenticate (user, password, cb) { }
  allow_access () { }
  allow_publish () { }
}
module.exports = (config, options) => {
  return new AuthCustomPlugin(config, options);
};
```

Verdaccio 的中间件主要用来新增或重写其服务原生 API 层的能力，可以添加新的路由或者拦截某些请求。比如我们需要在 Verdaccio 提供的路由之外扩展其他配置页面，如单点登录页、用户信息采集页等，那么就需要利用中间件来扩展对应的接口，并在其中填充对应的业务逻辑，代码如下：

```
public register_middlewares(
  app: Application,
  auth: IBasicAuth < CustomConfig >,
  _storage: IStorageManager < CustomConfig >
): void {
  const router = Router();
  router.post(
    '/custom-endpoint',
    (req, res, next): void => {
      const encryptedString = auth.aesEncrypt(Buffer.from(this.foo, 'utf8'));
      res.setHeader('X-Verdaccio-Token-Plugin', encryptedString.toString());
      next();
    }
  );
  app.use('/-/npm/something-new', router);
}
```

我们可以使用 Verdaccio 默认的本地文件系统来存储插件，也可以借助 Verdaccio 提供的 Storage 类型插件来替换插件存储类型。这种插件主要有三种使用场景：优化插件数据缓存、分布式部署后插件数据的同步、插件数据存储扩容。Storage 类型插件的应用机制是当用户使用该私有源拉取插件时，首先会检查当前项目内是否存在 lock 文件。若存在，则检测 lock 文件是否和 package.json 文件冲突，若无冲突，则直接从 storage 文件夹中获取缓存文件，解压到本地的 ndoe_modules 中；若插件文件不存在，则从 uplinks 远程地址重新拉取依赖。

为了规避单机的宕机风险，我们将私服分布式部署在多台服务器中，同时将 storage 目录下的所有插件数据写入 NFS 文件共享磁盘中，通过存储隔离的方式解决多点部署时的插件数据共享问题。

## 6.1.4　自定义 tag 管理多环境插件

因为大多数微组件都关联线上业务需求，所以我们需要在测试环境、预发布环境来验证微组件的功能正确性。通过验证的微组件可通过活动中台在线绑定，绑定完成后就意味该组件可以面向运营用户线上使用了。

在活动中台发展前期，我们通过部署多套私服，并约束开发者指定不同的发布源，来隔离不同环境中的组件。但是由于开发者本身也有自己的业务私有源，而且不同微组件间也会出现嵌套引用关系，因此当开发者在业务源和微组件源之间切换时，需要精力高度集中，才能避免切换私服错误带来的问题。这无疑是灾难性的开发体验。

为了解决该问题，我们回归 NPM 本身的能力，去寻找解决方案。最终我们决定使用同一套私服环境，通过自定义 NPM tag 来管理不同环境下的插件。在默认情况下，我们使用 publish 发布插件，命令行会自动追加 --tag lastet。tag 类似于 git 分支的概念，发布者可以在指定的 tag 上发布版本，选择使用指定 tag 的安装包。不同 tag 标签下的版本之间互不影响，示例代码如下：

```
# 发布
npm publish
npm publish --tag latest

# 安装
npm install case
npm install case@latest
```

利用 tag 的概念，我们可以区分预发布和测试环境下的组件版本，当开发人员选择预发布或者测试环境时，通过命令行工具自动追加 pre、test 环境区分符。系统在不同的环境中，通过环境标识拉取对应的组件，但最终呈现给运营用户的组件，只有 @latest 版本。下面是执行指令：

```
// case@1.0.1
npm publish --tag test
// 测试
npm install case@test

// case@1.0.2
npm publish --tag pre
npm install case@pre

// 将 1.0.2 版本推向生产环境
npm dist-tag add case@1.0.2 latest

// 在实际生产环境中默认使用最新版本
npm install case
```

我们通过查看 NPM 包信息，发现预发布版本与 latest 版本保持一致。下面是代码示例：

```
npm info
>
case@1.0.2 | Proprietary | deps: none | versions: 2
```

```
dist-tags:
latest: 1.0.2   pre: 1.0.2     test: 1.0.1
```

与此同时，在 Verdaccio 提供的功能页面上，读者可以直观地看到插件的标签信息，以避免每次都要通过命令行工具查看，如图 6-2 所示。

图 6-2　Verdaccio NPM 包详情

就像 Java 语言中 Maven 私有中央仓库的搭建一样，当企业中 H5 业务达到不小的量级时，必定会采用私服化的方式来解决内部插件存储的问题。

## 6.2　Node.js 数据持久层的探索

在 vivo 活动中台的技术架构设计中，我们充分拥抱 JavaScript 的生态，全力推进 JavaScript 的全栈开发流程。在中台应用层的服务端，我们选择 Node 作为 BFF（Backend For Fronted）层解决方案，希望借此来充分发挥 JavaScript 的效能，进行更加高效、高质量的产品迭代。

通过项目实践我们发现 JavaScript 全栈开发流程给开发者带来了诸多好处，如前后端使用 JavaScript 来构建，使得前后端更易于融合且更高效；前后端代码的模块和组件可相互使用，减少了大量的沟通成本。

在产品开发过程中，前端工程师可在前、后端开发模式上无缝切换，让业务快速落地。另外，全局的开发视角，让前端工程师有机会从产品、前端、后端的角度去思考问题，追求技术创新。

Node.js 只是服务应用开发的一部分，当我们需要存储业务数据时，我们还需要一个数据的持久化解决方案。vivo 活动中台选择了成熟又可靠的 MySQL 作为数据库。接下来我们一起思考 Node.Js 和 MySQL 如何搭配才能更好地释放彼此的能力。

## 6.2.1  数据持久层现状与思考

传统的 Node.js 工程中通常使用 node-mysql 作为 Node.js 连接 MySQL 的驱动。首先我们需要安装这个模块，示例如下：

```
npm install mysql
```

项目使用方法如下：

```
var mysql = require('mysql');
var connection = mysql.createConnection({
  host: '..', // 连接的数据库的主机名
  user: '..', // 连接的数据库的用户名
  password: '',   // 连接的数据库密码
  database: '..'  // 连接的数据库名称
});

connection.connect();

connection.query(
  'SELECT id, name, rank FROM lanaguges',
  function (error, results, fields) {
    if (error) throw error;
    /**
     * 输出:
     * [ RowDataPacket {
     *        id: 1,
     *    name: "Java",
     *    rank: 1
     *  },
     *  RowDataPacket {
     *        id: 2,
     *        name: "C",
     *        rank: 2
     *  }
     *]
     *
     *
     */
    console.log('The language rank is: ', results);
  });

connection.end();
```

通过阅读代码，我们对 MySQL 模块的使用流程有了简单的了解，从创建连接、执行 SQL 语句得到数据结果，到关闭连接。在实际的项目中，我们一般都会在该模块的基础上进行封装，如：

❑ 使用数据库连接池来提升性能；

❑ 改进回调函数风格，迁移到 promise、async/await 等更现代化的 JavaScript 异步处理方案；

❑ 使用更加灵活的事务处理方式；

❑ 通过字符串拼接的方式编写复杂 SQL 是比较痛苦的，需要更语义化的 SQL 编写能力。

围绕如何更加友好、便捷地使用数据库能力，行业内也诞生出各式各样的持久层解决方案。目前在这些方案中，对象 – 关系映射（Object/Relational Mapping，ORM）仍然是主流的技术方案。简单来说，ORM 就是通过实例对象的语法，完成关系型数据库的操作的技术。无论是 Java 的 JPA 技术规范及 Hibernate 等技术实现，Ruby On Rails 的 ActiveRecord，还是 Django 的 ORM，几乎每个语言的生态中都有自己的 ORM 的技术实现方案。

ORM 把数据库映射成对象：

❑ 数据库的表（table）=＞类（class）

❑ 记录（row，行数据）=＞对象（object）

❑ 字段（field）=＞对象的属性（attribute）

在 ORM 的技术方案上，Node.js 社区有很多不同角度的探索，充分体现了社区的多样性，比如非常优秀的 Sequelize。Sequelize 是一个基于 Promise 的 Node.js ORM，支持 PostgreSQL、MySQL、SQLite 及 SQL-Server。它具有强大的事务支持、关联关系、预读、延迟加载、读取复制等功能。上述的 MySQL 案例，若使用 Sequelize ORM 方式来实现，代码如下：

```javascript
// 定义 ORM 的数据与 model 映射
const Language = sequelize.define('language' ,{
  // 定义 id, 设置主键
  id: {
    type: DataTypes.INTEGER,
    primaryKey: true
  },
  // 定义 name, string 类型映射数据表 varchar 类型
  name: {
    type: DataTypes.STRING
  },
  // 定义 rank, string 类型映射数据库 int 类型
  rank: {
    type: DataTypes.INTEGER
  },
},{
  // 不生成时间戳
  timestamps: false
});

// 查询所有
const languages = await Language.findAll()
```

随着 TypeScript 的流行，我们可以从另外一个视角去看待前端的工具链和生态。TypeScript 的类型体系给了我们更多的想象，例如代码的静态检查纠错、重构、自动提示等，社区也出现了基于 TypeScript 的 ORM 解决方案 TypeORM。

TypeORM 充分结合 TypeScript，提供了更好的开发体验。TypeORM 的目标是始终支持最新的 JavaScript 功能，并提供其他功能来帮助你开发使用数据库的任何类型的应用程序——从带有少量表的小型应用程序，到具有多个数据库的大型企业应用程序。与现有的所有其他 JavaScript ORM 不同，TypeORM 支持 Active Record（RubyOnRails 的 ORM 的核心）和 Data Mapper（Django 的 ORM 的核心设计模式），这意味着我们可以以最有效的方式编写高质量、松散耦合、可伸缩、可维护的应用程序。

当然，在实际的业务支撑和软件开发设计中，真正的银弹方案是不存在的。ORM 给我们带来了更快的迭代速度，但还是存在一些不足，主要体现在：

- ❑ 在 ORM 中，简单的数据库 CRUD 操作非常轻便，但多表和复杂关联查询成本相对较高；
- ❑ ORM 库不是轻量级工具，需要花精力学习和配置；
- ❑ 对于复杂的查询，ORM 要么是无法表达，要么是性能不如原生的 SQL；
- ❑ ORM 抽象掉了数据库层，使得开发者无法了解底层的数据库操作，也无法定制一些特殊的 SQL；
- ❑ 容易产生 $N+1$ 查询的问题。

如何在 ORM 的基础上，保留强悍的 SQL 的表达能力呢？最终，我们把目光停留在了 Java 社区非常流行的一款半自动化 ORM 的框架——MyBatis 上面。

MyBatis 是一款优秀的持久层框架，它支持自定义 SQL、存储过程及高级映射，免除了几乎所有的 JDBC 代码、设置参数和获取结果集的工作。MyBatis 可以通过简单的 XML 或注解来配置和映射原始类型、接口和普通老式 Java 对象（Plain Old Java Object，POJO）为数据库中的记录。MyBatis 最优秀的设计是在对象的映射和原生 SQL 之间取得了很好的平衡。在 Java 工程中，映射文件中的 SQL 配置代码如下：

```xml
<?xml version="1.0" encoding="UTF-8" ?>
<!DOCTYPE mapper
  PUBLIC "-//mybatis.org//DTD Mapper 3.0//EN"
  "http://mybatis.org/dtd/mybatis-3-mapper.dtd">
<mapper namespace="org.mybatis.example.BlogMapper">
  <select id="selectBlog" resultType="Blog">
    select * from Blog where id = #{id}
  </select>
</mapper>
```

Java 工程中的 SQL 查询代码如下：

```java
BlogMapper mapper = session.getMapper(BlogMapper.class);
Blog blog = mapper.selectBlog(101);
```

## 6.2.2　探索数据持久层

我们回归初心，重新审视这个问题，发现 SQL 是程序和数据库交互最好的领域语言，简单易学、通用性强且无须回避 SQL 本身。同时，MyBatis 的架构设计给予我们启发，在技术上是可以做到保留 SQL 的灵活强大，同时兼顾从 SQL 到对象的灵活映射的。于是我们开始构建基于 Node.js 的 MyBatis，即 Node-Mybatis。其具有如下的特性：

- 简单易学，代码实现小而简单，没有任何第三方依赖，易于使用；
- 不会对应用程序或者数据库的现有设计施加任何影响，借助 ES6 的 String Template 编写 SQL，灵活直接；
- 解除 SQL 与程序代码的耦合，通过提供 DAO 层，将业务逻辑和数据访问逻辑分离，使系统的设计更清晰、更易维护、更易进行单元测试；
- 支持动态 SQL，避免 SQL 的字符串拼接；
- 自动对动态参数进行 SQL 防注入；
- 声明式事务机制，借助 decorator 更容易进行事务声明；
- 结合 Typescript 的类型，可根据数据的表格结构自动生成数据的类型定义文件、代码提示、自动补齐等能力，提升开发体验。

在正常的业务开发中，我们构建的 SQL 需要根据业务需要进行判断和动态拼接，如果每条 SQL 都自己手动拼接，那我们就又回到了 MySQL 朴素模式。Node-Mybatis 采用 SQL-Builder Templete SQL 语句构建方法，将 SQL 与参数占位符结合，只能生成可执行的业务 SQL 语句。

"#"是动态 SQL 中的占位符，我们最经常碰到的场景就是字符串的占位符，"#"后面就是将来动态替换的变量的名称，如：

```
const sql = `
    SELECT
      id as id,
      book_name as bookName
      publish_time as publishTime
      price as price
    FROM t_books t
  WHERE
      t.id = #data.id AND t.book_name = #data.bookName
```

该 SQL 通过 Node-MyBatis 底层的 SQL Compile 解析之后生成，如下：

```
// data 参数为：{id: '11236562', bookName: 'JavaScript 红皮书' }
`
SELECT
  id as id,
  book_name as bookName
  publish_time as publishTime
  price as price
```

```
FROM t_books t
WHERE
  t.id = '11236562' AND t.book_name = 'JavaScript 红皮书';
```

"$"是动态数据的占位符,该占位符会在我们的 SQL Template 编译后将变量的值动态地插入 SQL,示例如下:

```
// SQL 模板
SELECT
  id, name, email
FROM t_user t
WHERE t.state=$data.state AND t.type in ($data.types)

// 该 SQL 通过 Node-MyBatis 底层的 SQL Compile 解析之后,生成如下 SQL
// data 参数为:{state: 1, types: [1,2,3]}
SELECT
  id, name, email
FROM t_user t
WHERE t.state=0 AND t.type in (1,2,3)
```

作为模板语言,循环、分支结构都是必不可少的。我们需要提供动态编程的能力来应对更加复杂的 SQL 场景,那如何进行代码块的标记呢?活动中台采用类似 EJS 模板的语法特征 <%%> 进行代码标记,降低了 SQL 模板的学习难度。下面演示了 SQL 模板中的使用方法:

```
// 循环
SELECT
    t1.plugin_id as pluginId,
    t1.en_name  as pluginEnName,
    t1.version as version,
    t1.state as state
    FROM component_list  t1
    WHERE t1.state = '0'
  <% for (let [name, version] of data.list ) {%>
    AND t1.en_name = $name AND t1.version=$version
  <% } %>

// 分支判断
SELECT id, name, age FROM users WHERE name like #data.name
<% if(data.age > 10) {%>
AND age= $data.age
<% } %>
```

我们借助 ES6 的 String Template 制作一个非常精简的模板系统。通过模板字符串来输出模板结果:

```
let template = `
<ul>
  <% for(let i=0,n < data.users.length; i < n ; i++) { %>
```

```
  <li><%= data.users[i] %></li>
<% } %>
</ul>
`;
```

我们在模板字符串之中，放置了一个常规模板。该模板使用 <%……%> 放置 JavaScript 代码，使用 <%=……%> 输出 JavaScript 表达式。如何编译这个模板字符串呢？思路是将其转换为 JavaScript 表达式字符串，代码如下：

```
print('<ul>');
for(let i = 0; i < data.users.length; i++) {
  print('<li>');
  print(data.users[i]);
  print('</li>');
};
print('</ul>');
```

如何用更加易用的方式来实现上述字符串模板的功能呢？我们通过四步快速完成。

第一步：采用正则表达式进行匹配转化。代码如下：

```
let evalExpr = /<%=(.+?)%>/g;
let expr = /<%([\s\S]+?)%>/g;

template = template
  .replace(evalExpr, '`); \n  print( $1 ); \n  echo(`')
  .replace(expr, '`); \n $1 \n  print(`');

template = 'print(`' + template + '`);';
console.log(template);

// 输出
echo(`
<ul>
  `);
  for(let i=0; i < data.supplies.length; i++) {
  echo(`
    <li>`);
  echo(  data.supplies[i]  );
  echo(`</li>
  `);
  }
  echo(`
</ul>
`);
```

第二步：将 template 正则表达式封装在一个函数里面返回。代码如下：

```
function compile(template){
  const evalExpr = /<%=(.+?)%>/g;
  const expr = /<%([\s\S]+?)%>/g;
```

```
template = template
  .replace(evalExpr, '`); \n  print( $1 ); \n  echo(`')
  .replace(expr, '`); \n $1 \n  print(`');
template = 'print(`' + template + '`);';
let script =
`(function parse(data){
  let output = "";
  function print(html){
    output += html;
  }
  ${ template }
  return output;
})`;
return script;
}
```

第三步：通过 compile 函数，我们获取到一个 SQL Builder 的高阶函数，传递参数，即可获取最终的 SQL 模板字符串。代码如下。

```
let parse = eval(compile(template));
parse({ users: [ "Green", "John", "Lee" ] });
// 结果：
//  <ul>
//    <li>Green</li>
//    <li>John</li>
//    <li>Lee</li>
//  </ul>
```

第四步：我们根据这种模板的思路，设计自己的 sqlCompile 来生成 SQL 的代码。代码如下：

```
sqlCompile(template) {
  template =
    'print(`' +
    template
      // 解析 # 动态表达式
      .replace(/#([\w\.]{0,})(\W)/g, '`); \n  print_str( $1 ); \n  print(`$2')
      // 解析 $ 动态表达式
      .replace(/\$([\w\.]{0,})(\W)/g, '`); \n  print( $1 ); \n  print(`$2')
      // 解析 <%%> 动态语句
      .replace(/<%([\s\S]+?)%>/g, '`); \n $1 \n  print(`') +
    '`);'
  return `(function parse(data,connection){
    let output = "";
    function print(str){
      output += str;
    }
    function print_str(str){
      output += "\'" + str + "\'";
    }
```

```
    ${template}
    return output.replace(/[\\r\\n]/g,"");
  })`
}
```

如果 SQL 语句支持拼接，就可能会出现 SQL 注入的场景。MyBatis 中 $ 的使用也会有 SQL 注入风险，因为 $ 可以置换变量，且不会被字符引号包裹，因此社区不建议使用 $ 符号来拼接 SQL。Node-Mybatis 也保留了使用 $ 的能力，用法上也参考了 Java MyBatis 的设计，示例如下：

```
// data = {name: 1}
`db.name = #data.name` // => 字符替换，会被转义成 db.name = "1"
`db.name = $data.name` // => 完整替换，会被转义成 db.name = 1
```

观察下方的注入场景代码：

```
// SQL 模板
`SELECT * from t_user WHERE username = $data.name and paasword = $data.passwd`
// data 数据为 {username: "'admin' or 1 = 1 --'", passwd: ""}
// 通过 SQL 注释构造，形成了 SQL 的注入
`SELECT * FROM members WHERE username = 'admin' or 1 = 1 -- AND password = ''`

// SQL 模板
`SELECT * from $data.table`
// data 数据为 {table: "user;drop table user"}
// 通过 SQL 注释构造，形成了 SQL 的注入
`SELECT * from user;drop table user`
```

常见的拼接 SQL 的场景我们就不一一叙述了。下面将从常见的业务开发中我们不可避免的 SQL 拼接场景入手，向大家讲解 Node-Mybatis 的规避方案。该方案使用 MySQL 内置的 escape 方法或 SQL 关键字拦截方法进行参数传值规避。

使用 $ 来传递值，模板底层将首先使用 escape 方法进行转义。我们对包含不同类型的数据进行 escape 能力检测，例如：

```
const arr = escape([1,"a",true,false,null,undefined,new Date()]);

// 输出
( 1,'a', true, false, NULL, NULL, '2019-12-13 16:19:17.947')
```

（1）关键字拦截

SQL 中需要用到数据库关键字，如表名、列名和函数关键字 where、sum、count、max、order by、group by 等。若直接拼装 SQL 语句会有比较明显的 SQL 注入风险，因此我们要约束 $ 符号的使用范围。在特殊业务场景下，如动态排序、动态查询、动态分组、动态条件判断等，需要开发人员前置枚举判断可能出现的确定值后再传入 SQL。Node-MyBatis 会默认拦截高风险的 $ 入参关键字。

```
if(tag === '$'){
  if(/where|select|sleep|benchmark/gi.test(str)){
    throw new Error('$ value not allowed include where、select、sleep、benchmark
      keyword !')
  }
}
```

（2）配置拦截

我们为了控制 SQL 的注入风险，在 SQL 查询时默认不支持多条语句的执行。MySQL 底层驱动也有相同的选项，multiple Statements，默认关闭。

注意，它可能会增加 SQL 注入攻击的范围。

Node-MyBatis 中默认规避了多行执行语句的配置与 $ 共同使用的场景。

```
if(tag === '$'){
  if(this.pool.config.connectionConfig.multipleStatements){
    throw new Error('$ and multipleStatements mode not allowed to be used at the
      same time !')
  }
}
```

如何检测 SQL 注入呢？ SqlMap 是一个开源的渗透测试工具，可以用来进行自动化检测，利用 SQL 注入漏洞，获取数据库服务器的权限。它具有功能强大的检测引擎，可以对各种不同类型数据库进行渗透测试，可以获取数据库中存储的数据、访问操作系统文件，甚至可以通过外带数据连接的方式执行操作系统命令。SqlMap 可以检测 MySQL、Oracle、PostgreSQL、Microsoft SQL Server、Microsoft Access、IBM DB2、SQLite、Firebird、Sybase 和 SAP MaxDB 等数据库的各种安全漏洞。

SqlMap 支持五种不同的注入模式：

❑ 基于布尔的盲注，即可以根据返回页面判断条件真假的注入；

❑ 基于时间的盲注，即不能根据页面返回内容判断任何信息，用条件语句查看时间延迟语句是否执行（即页面返回时间是否增加）来判断；

❑ 基于报错注入，即页面会返回错误信息，或者把注入的语句的结果直接返回在页面中；

❑ 联合查询注入，可以使用 union 的情况下的注入；

❑ 对查询注入，可以同时执行多条语句查询时的注入。

SqlMap 的安装与使用代码如下：

```
# 安装方法
git clone --depth 1 https://github.com/sqlmapproject/sqlmap.git sqlmap-dev

# 使用方法
sqlmap -u 'some url' --flush-session --batch --cookie="some cookie"
```

SqlMap 的执行示例如图 6-3 所示。

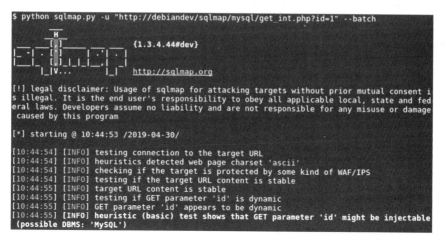

图 6-3　SqlMap 执行示例

SqlMap 常用的命令参数如下。

❑ u：设置想要验证的网站 URL。

❑ flush-session：清除过去的历史记录。

❑ batch：批量验证注入。

❑ cookie：如果需要登录，设置 Cookie 值。

明确了 SqlMap 的使用方法后，我们在实际项目打包过程中可以基于 SqlMap 构建我们的自定义测试脚本。在提交代码之后，通过 GitLab 的集成工具自动触发工程的验证。

在 Node 和数据库的交互上，针对更新的 SQL 场景，我们需要对事务进行管理。手动管理事务比较费时费力，Node-MyBatis 提供了更好的事务管理机制——声明式事务管理，即实现了获取连接、关闭连接、事务提交、回滚、异常处理等操作的自动处理，让我们从复杂的事务处理中解脱出来。声明式事务管理基于 Spring AOP 实现，本质就是在目标方法执行前后进行拦截。在目标方法执行前加入或创建一个事务，在方法执行后，根据实际情况选择提交或回滚事务。不需要在业务逻辑代码中编写事务相关代码，只需要在配置文件中使用注解（@Transaction），对业务代码没有侵入性。

在代码的实现上，我们使用 ES7 规范中的装饰器规范，实现对目标类、方法、属性的修饰。装饰器的使用非常简单，其本质就是一个函数包装。以封装一个简单的 log 函数为例，代码如下：

```
// 装饰类
function log(target, name, descriptor) {
  console.log(target)
  console.log(name)
  console.log(descriptor)
}

@log
```

```
class User {
  walk() {
    console.log('I am walking')
  }
}

const u = new User()
u.walk()
```

装饰器在函数中的使用案例如下：

```
// 装饰方法
function log(target, name, descriptor) {
  console.log(target)
  console.log(name)
  console.log(descriptor)
}

class Test {
  @log // 装饰类方法的装饰器
  run() {
    console.log('hello world')
  }
}

const t = new Test()
t.run()
```

装饰器函数有三个参数：target、name、descriptor。在装饰不同属性时，其表示的含义不同。

在装饰类的时候，第一个参数表示类的函数本身。上述 log 函数输出如下：

```
[Function: User]
undefined
undefined
I am walking
```

在装饰类方法的时候，第一个参数表示类的原型（prototype），第二个参数表示方法名，第三个参数表示被装饰参数的属性。上述 log 函数输出如下：

```
Test { run: [Function] }
run
{
  value: [Function],
  writable: true,
  enumerable: true,
  configurable: true
}
hello world
```

第三个参数内有如下属性：

❑ configurable：控制是否能删、修改 descriptor 本身。

❑ writable：控制是否能修改值。

❑ enumerable：控制是否能枚举出属性。

❑ value：控制对应的值。

❑ get 和 set：控制访问的读和写逻辑。

关于 ES7 装饰器一些强大的特性和用法可以参考 TC39 的提案，这里就不再赘述了。@Transaction 的实现代码如下：

```
// 封装高阶函数
function Transaction() {
  // 返回代理方法
  return (target, propetyKey, descriptor) => {
    // 获取当前的代理方法
    let original = descriptor.value;í
    // 拦截扩展方法
    descriptor.value = async function (...args) {
      try {
        // 获取底层 MySQL 的事务作用域
        await this.ctx.app.mysql.beginTransactionScope(async (conn) => {
          // 绑定数据库连接
          this.ctx.conn = conn
          // 执行方法
          await original.apply(this, [...args]);
        }, this.ctx);
      } catch (error) {
        // 错误处理
        this.ctx.body = {error}
      }
    };
  };
}
```

在 Transaction 的装饰器中，我们使用底层 egg-mysql 对象扩展的 beginTransactionScope 自动控制事务的范围。示例代码如下：

```
const result = yield app.mysql.beginTransactionScope(function* (conn) {
  // 不需要手动处理事务开启和回滚
  yield conn.insert(table, row1);
  yield conn.update(table, row2);
  return { success: true };
}, ctx); // ctx 执行上下文
```

Midway 是淘系架构团队研发的一款 Node.js 框架。Midway 通过 TypeScript 和完全自研的依赖注入能力，将开发体验优化到极致。封装后的事务装饰器的示例代码如下：

```
import { Context, controller, get, inject, provide } from "midway";
```

```
@provide()
@controller("/api/user")
export class UserController {

  @get("/delete.do")
  @Transaction()
  async delete(): Promise<void> {
    const { id } = this.ctx.query;
    const user = await this.ctx.service.user.deleteUserById({ id });
    // 如果失败，上述的数据库操作自动回滚
    const user2 = await this.ctx.service.user.deleteUserById2({ id });
    this.ctx.body = { success: true, data: [user,user2] };
  }
}
```

SQL 模板化的开发方法为开发者提供了更加优秀的开发体验，同时还为 SQL 模板模型添加了数据缓存、自定义标签方法等优秀特性。

（1）数据缓存

为了提高数据查询的效率，我们正在迭代开发 Node-MyBatis 的缓存机制，以减少对数据库数据查询的压力。MyBatis 支持一级缓存和二级缓存，为我们的架构设计提供了参考。

一级缓存是 SqlSession 级别的缓存，在同一个 SqlSession 中两次执行相同的 SQL 语句时，第一次执行完毕会将数据库中查询的数据写到缓存（内存）中，第二次会直接从缓存中获取数据，不再从数据库查询，从而提高查询效率。当一个 SqlSession 结束后，该 SqlSession 中的一级缓存也就不存在了。不同 SqlSession 之间的缓存数据区域互不影响。

二级缓存是 Mapper 级别的缓存，多个 SqlSession 去操作同一个 Mapper 的 SQL 语句得到的数据会存在二级缓存区域中。多个 SqlSession 可以共用二级缓存，二级缓存是跨 SqlSession 的。

整体缓存架构图如图 6-4 所示。

（2）自定义方法和标签

在 SQL 模板中，我们通过 #、$、<%%> 来实现 SQL 的动态构建，不过在项目实战中我们发现有很多重复的 SQL 拼接场景。针对这些场景，我们在 SQL 模板中内置了插件机制，方便用户自定义方法和 SQL 标签。下面我们看看如何通过内置插件，对 SQL 的构建进行优化。

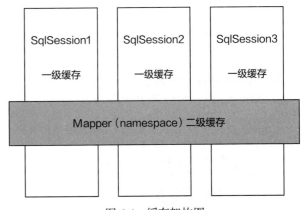

图 6-4　缓存架构图

目前的数据插入保持了 Native SQL 的方式，但是，当数据库的字段特别多的时候，一个个列出插入的字段是比较麻烦的事情，特别是当规范强调 SQL 插入时必须指定插入的列名，避免数据插入不一致时。

```
`INSERT INTO
    test_user
(name, job, email, age, edu)
  VALUES
    (#data.name, #data.job, #data.email, #data.age, #data.edu)`
```

Node-MyBatis 内置了方法 quickInsert()，代码如下：

```
let user = {
    name: 'test',
    job: 'Programmer',
    email: 'test@test1.com',
    age: 25,
    edu: 'Undergraduate'
  }

  // SQL 生成
  `INSERT INTO test_user <% quickInsert(data.user) %>`

  // 通过 SQL Compiler 自动输出
  `INSERT INTO
    test_user (name, job, email, age, edu)
    VALUES('test', 'Programmer', 'test@test1.com', 25, 'Undergraduate')`

  let userList = [{
      name: 'test',
      job: 'Programmer',
      email: 'test@test1.com',
      age: 25,
      edu: 'Undergraduate'
  },
  {
      name: 'test2',
      job: 'Programmer',
      email: 'test@test2.com',
      age: 30,
      edu: 'Undergraduate'
  }
]
  // 批量插入
  `INSERT INTO test_user
    <% quickInsert(data.userList)%>`

  // 通过 SQL Compiler 自动输出
  `INSERT INTO
    test_user (name, job, email, age, edu)
    VALUES
  ('test', 'Programmer', 'test@test1.com', 25, 'Undergraduate'),
  ('test2', 'Programmer', 'test@test2.com', 30, 'Undergraduate')`
```

Node-MyBatis 内置了标签 <Insert />，代码如下：

```
let user = {
    name: 'test',
    job: 'Programmer',
    email: 'test@test1.com',
    age: 25,
    edu: 'Undergraduate'
}

// sql builder
`<Insert table="test_user" values={data.user}></Insert>`
// 通过 SQL Compiler 自动输出
`INSERT INTO
    test_user (name, job, email, age, edu)
    VALUES('test', 'Programmer', 'test@test1.com', 25, 'Undergraduate')`

let userList = [{
        name: 'test',
        job: 'Programmer',
        email: 'test@test1.com',
        age: 25,
        edu: 'Undergraduate'
    },
    {
        name: 'test2',
        job: 'Programmer',
        email: 'test@test2.com',
        age: 30,
        edu: 'Undergraduate'
    }
]
// SQL 生成
`<Insert table="test_user" values={data.userList}></Insert>`
// 通过 SQL Compiler 自动输出
`INSERT INTO
    test_user (name, job, email, age, edu)
    VALUES
  ('test', 'Programmer', 'test@test1.com', 25, 'Undergraduate'),
  ('test2', 'Programmer', 'test@test2.com', 30, 'Undergraduate')`
```

生产环境下的 Node-MyBatis API 设计如下：

```
/**
 * 查询符合所有条件的数据库记录
 * @param sql: string sql 字符串
 * @param params 传递给 sql 字符串动态变量的对象
 */
query(sql, params = {})

 /**
  * 查询符合条件的数据库一条记录
  * @param sql: string sql 字符串
```

```
    * @param params 传递给 sql 字符串动态变量的对象
    */
  queryOne(sql, params = {})

  /**
    * 插入或更新数据库记录
    * @param sql: string sql 字符串
    * @param params 传递给 sql 字符串动态变量的对象
    */
  exec(sql, params = {})
```

由于 vivo 活动中台选择使用 Midway 作为 BFF 的 Node.js 框架，因此我们的目录结构遵循 Midway 的项目结构。

```
├ server
│   ├──── controller              # 入口 controller 层
│   │      ├──── base.ts           # controller 公共基类
│   │      ├──── table.ts
│   │      └──── user.ts
│   ├──── extend                  # Midway 的扩展
│   │      ├──── codes
│   │      │      └──── index.ts
│   │      ├──── context.ts
│   │      ├──── helper.ts         # 工具方法
│   │      └──── nodebatis         # Node-Mybatis 核心代码
│   │             ├──── decorator   # 声明式事务封装
│   │             ├──── plugin      # 自定义工具方法
│   │             ├──── config.ts   # 核心配置项
│   │             └──── index.ts
│   ├──── middleware              # 中间件层
│   │      └──── error_handler.ts  # 扩展错误处理
│   ├──── public
│   └──── service                 # 业务 service 层
│          ├──── Mapping           # Node-MyBatis 的 mapping 层
│          │      ├──── TableMapping.ts
│          │      └──── UserMapping.ts
│          ├──── table.ts          # table service 和 db 相关调用 TableMapping
│          └──── user.ts           # user service 和 db 相关调用 UserMapping
```

下面我们来模拟业务场景。以请求用户信息为例，我们需要根据用户 ID 查询用户数据。当 Node.js 服务收到用户信息的查询请求时，会将请求分派到 controller 层 UserController 类的 getUserById 方法进行处理。该方法获取请求参数后，将调用 Service 层中 UserService 类的 getUserById 方法，UserService 通过 Node-MyBatis 完成对数据库用户信息的查询，最终将用户数据返回。

```
controller 层代码如下：
//controller/UserController.ts
import { controller, get, provide } from 'midway';
import BaseController from './base'
```

```
@provide()
@controller('/api/user')
export class UserController extends BaseController {
    /**
     * 根据用户 ID 查询所有用户信息
     */
  @get('/getUserById')
  async getUserById() {
    const { userId } = this.ctx.query;
    let userInfo:IUser = await this.ctx.service.user.getUserById({userId})
    // 内部封装的 HTTP 返回方法
    this.success(userInfo)
  }
}
```

Service 层代码如下：

```
// service/UserService.ts
import { provide } from 'midway';
import { Service } from 'egg';
import UserMapping from './mapping/UserMapping';

@provide()
export default class UserService extends Service {
  getUserById(parmas: {id: number}): Promise<{id: number, name: string, age:
    number}> {
      return this.ctx.helper.queryOne(UserMapping.findById, params);
  }
}
```

DAO 层代码如下：

```
// service/mapping/UserMapping.ts
export default {
  findById: `
    SELECT
      id,
      name,
      age
    FROM users u
    WHERE
      u.id=#data.id
    `
}
```

## 6.2.3　工程化体系加持下的未来

　　在 Node.js 服务的开发中，Node-MyBatis 为我们提供了数据持久层的最佳体验，但还需要更多工程化的能力，以实现更加高效的代码开发，如代码的提示和自动补全、代码的检查、重构等。所以，我们选择 TypeScript 作为开发语言。Midway 也提供了很多对于 Typescript 的支撑。我们希望 Node-MyBatis 也可以根据查询的数据代码自动检查、纠错、补齐。

vivo 自研的 TTS（Table to Typescript System）可以根据数据库的元数据自动生成 TypeScript 的类型定义文件。如图 6-5 所示的 test_user 表，可通过 tts -t test_user 命令自动生成 TypeScript 的类型定义文件。

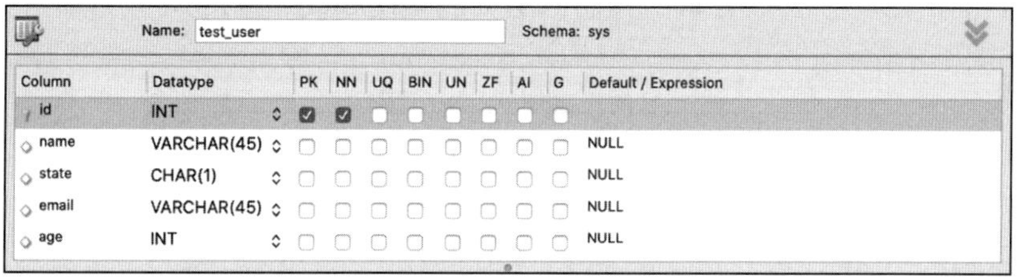

图 6-5　数据库表结构

在开发工程中生成如下的 typescript 类型的定义文件。

```
export interface ITestUser {
  /**
   * 用户 ID
   */
  id: number

  /**
   * 用户名
   */
  name: string

  /**
   * 用户状态
   */
  state: string

  /**
   * 用户邮箱
   */
  email: string

  /**
   * 用户年龄
   */
  age: string
}
```

在实际业务功能开发中，直接使用转化后的类型文件会给我们的日常开发带来一些便利。结合 TypeScript 的高级类型容器，如 Pick、Partial、Record、Omit 等，我们还可以根据查询的字段进行复杂类型的适配。

VSCode 基本已经成为前端开发编辑器的第一选择。VSCode 架构中的语言服务协议（LSP）可以完成很多 IDE 的功能，为我们的开发提供更智能的帮助。比如我们在使用 Node-MyBatis 时需要编写大量的 SQL 字符串，对于 VSCode 来说，这就是一个普通的 JavaScript 的字符串，没有任何特殊之处。但是我们期待 VSCode 能实现更智能化的功能，比如自动识别 SQL 的关键字、语法高亮、SQL 的自动美化。再比如通过开发 VSCode 插件，实现对 SQL 的语法特征智能分析。我们甚至可以实现 SQL 代码的自动补齐、高亮、格式化，效果如图 6-6 所示。

```
const·sql·=·/*sql*/·`
··SELECT·
··employee.first_name,·
··employee.last_name,·
··call.start_time,·
··call.end_time,·
··call_outcome.outcome_text
FROM·employee
INNER·JOIN·call·ON·
··call.employee_id·=·employee.id
INNER·JOIN·
··call_outcome·ON·call.call_outcome_id·=·call_outcome.id
ORDER·BY·
··call.start_time·ASC;
`
```

图 6-6　SQL 代码的自动补齐、高亮、格式化

另外，因为 Node-Mybatis 支持自定义模板和自定义方法，使得我们编写 SQL 的效率得到了提升，但是原先的 SQL 生成就变得不再直观，需要在运行期才知道 SQL 的内容。其实，我们可以通过 LSP 解决这个问题，做到高效率和可维护性的平衡。通过开发 Node-MyBatis VSCode 的插件，以及 LSP 智能分析 SQL 模板结构，实时悬浮提示生成的 SQL。

本节我们一起思考和探索了 vivo 活动中台 Node.js 服务数据层的持久化解决方案，希望既能够保留 SQL 的简单、通用与强大，又能够保证极致的开发体验。我们借鉴了 Java 领域 MyBatis 的设计思路，通过 Node-Mybatis 实现了我们的技术结合实际业务的思考。不得不感叹，经典的架构设计真的可以跨越时间和语言得以传承。

# 6.3　Node.js 应用全链路追踪技术

目前在不考虑 Serverless 应用的情况下，主流的 Node.js 架构设计主要有两种方案。

通用架构：SSR（网页程序服务端渲染）、BFF（数据服务适配器）。

全场景架构：包含 SSR、BFF，同时涉及业务服务和微服务架构。

这两种方案对应的架构图如图 6-7 所示。

对于这两种架构，如果请求链路越来越长，调用的服务越来越多，其中还包含各种微服务调用，则程序设计都会面临以下三个问题。

❑ 如何在请求发生异常时快速定义问题？

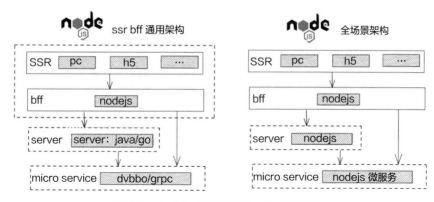

图 6-7　Node.js 通用架构和全场景架构图

❑ 如何在请求响应慢的时候快速找出慢的原因？

❑ 如何通过日志文件快速定位问题的根本原因？

要解决上述问题，我们需要用一种技术将每个请求的关键信息聚合起来，并将所有请求链路串联起来，让程序可以感知到一个请求中包含了几次服务、微服务请求的调用，某次服务、微服务调用在哪个请求的上下文。这就是 Node.js 对全链路追踪技术的运用，它在复杂服务端业务场景中是必不可少的技术保障。接下来我们将介绍，如何实现 Node.js 应用的全链路信息获取。

## 6.3.1　Node.js 全链路信息获取的方式

全链路信息获取，是全链路追踪技术中最重要的一环。只有打通了全链路信息获取，才会有后续的存储展示流程。对于多线程语言如 Java、Python 而言，可以通过线程上下文获取全链路信息。但由于 Node.js 是单线程和基于 I/O 回调来完成异步操作，所以在全链路信息获取上天然存在难度。目前 Node.js 全链路信息获取的方式主要有以下 4 种：

❑ Domain（Node API）；

❑ Zone.js（Angular 社区出品）；

❑ 显式传递（手动处理、中间件挂载）；

❑ Async Hooks（Node API）。

在上述 4 种方式中，Domain 由于存在严重的内存泄露，已经被废弃；Zone.js 和显式传递都过于烦琐，具有侵入性，问题较多。综合比较下来，第四种方式是最佳的。

下面我们就来介绍如何通过 Async Hooks 来获取全链路信息。

这种方案有如下优点：

1）它是 Node 8.x 中新加的一个核心模块，Node 官方维护者也在使用，不存在内存泄露问题；

2）非常适合实现隐式的链路跟踪，侵入小，是目前隐式跟踪的最优解；

3）它提供了追踪 Node 中异步资源的生命周期的 API；

4）它可以借助 async_hook 实现上下文的关联。

首先对 async_hooks 的核心知识进行总结和介绍：

1）每个函数（不论是异步还是同步）都会提供一个上下文，我们称之为 async scope，这个认知对理解 async_hooks 非常重要；

2）每一个 async scope 中都有一个 asyncId，它是当前 async scope 的标志，同一个 async scope 中的 asyncId 必然相同，每个异步资源在创建时，asyncId 自动递增，全局唯一；

3）每一个 async scope 中都有一个 triggerAsyncId，用来表示当前函数是由哪个 async scope 触发生成的；

4）通过 asyncId 和 triggerAsyncId 我们可以追踪整个异步的调用关系及链路，这是全链路追踪的核心；

5）通过 async_hooks.createHook 函数来注册关于每个异步资源在生命周期中发生的 init 等相关事件的监听函数；

6）同一个 async scope 可能会被调用及执行多次，不管执行多少次，其 asyncId 必然相同，通过监听函数，我们可以很容易地追踪其执行的次数、时间以及上下文关系。

上述 6 点知识对于理解 async_hooks 非常重要。正是因为这些特性，才使得 async_hooks 能够优秀地完成 Node.js 应用的全链路信息获取。

目前不同版本 Node.js 中的 Async Hooks 的 API 差异较大。因为从 8.x 版本到 14.x 版本，async_hooks 依旧还是 Stability: 1 – Experimental（实验中，不稳定）状态，即该特性仍处于开发阶段，且未来改变时不做向后兼容，甚至可能被移除，因此不建议在生产环境中使用该特性。但是这并不妨碍我们学习和使用 Async Hooks，我们在该 API 的基础上设计并实现了自己的全链路信息获取方案——zone-context。

## 6.3.2　zone-context 方案设计

异步资源调用或创建后，会被 async_hooks 监听到。在被监听后，我们需要对获取到的异步资源信息进行处理，整合成需要的数据结构，并将数据存储到 invoke tree 中。在异步资源结束时，触发 gc 操作，删除 invoke tree 中的无用数据。从上述核心逻辑中我们可以知道，zone-context 架构设计需要实现以下三个功能：

❏ 异步资源（调用）监听；

❏ invoke tree；

❏ gc。

整体方案设计图如图 6-8 所示，下面开始逐个介绍这三个功能的实现方案。

### 1. 异步调用监听

如何实现异步调用监听呢？我们需要用到 async_hooks 来追踪 Node.js 异步资源的生命周期，代码如下：

```
asyncHook
  .createHook({
    init (asyncId, type, triggerAsyncId) {
      // 异步调用时触发该事件
    },
  })
.enable()
```

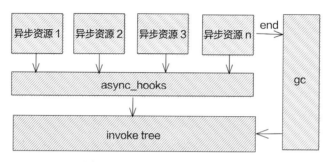

图 6-8　zone-context 方案设计图

通过简单的程序设计，我们就可以对所有异步操作进行追踪了。在 async_hooks 核心知识中，我们提到了可以通过 asyncId 和 triggerAsyncId 追踪整个异步的调用关系及链路。现在大家看 init 中的参数会发现，asyncId 和 triggerAsyncId 都存在，而且是隐式传递，不需要手动传入。我们在每次异步调用时，都能在 init 事件中拿到这两个值。invoke tree 功能的实现，离不开这两个参数。

介绍完异步调用监听，下面介绍 invoke tree 的实现。

### 2. invoke tree

invoke tree 的整体设计思路如图 6-9 所示。

```
┌─────────────────────────────────────────────────┐
│ invoke 1   ┌─── id ───┐  ┌ root id ┐ ┌ chilren ┐ │
├─────────────────────────────────────────────────┤
│ invoke 2                                          │
├─────────────────────────────────────────────────┤
│ invoke n                                          │
└─────────────────────────────────────────────────┘
                    invoke tree
```

图 6-9　invoke tree 设计思路示意图

invoke tree 的具体代码如下：

```
interface ITree {
  [key: string]: {
    // 调用链路上第一个异步资源 asyncId
    rootId: number
    // 异步资源的 triggerAsyncId
    pid: number
```

```
    // 异步资源中所包含的异步资源 asyncId
    children: Array<number>
  }
}

const invokeTree: ITree = {}
```

我们首先创建一个对象 invokeTree，每一个属性代表一个异步资源的完整调用链路。属性的 key 和 value 的含义如下：

□ key 代表这个异步资源的 asyncId；

□ value 代表这个异步资源经过的所有链路信息聚合对象，该对象中的各属性含义可参考上面代码中的注释。

通过这种结构设计，我们就可以拿到任何一个异步资源在整个请求链路中的关键信息。接下来我们需要与异步调用监听进行结合。如何在异步调用监听的 init 事件中，将 asyncId、triggerAsyncId 和 invokeTree 关联起来呢？关键实现代码如下：

```
asyncHook
  .createHook({
    init (asyncId, type, triggerAsyncId) {
      // 寻找父节点
      const parent = invokeTree[triggerAsyncId]
      if (parent) {
        invokeTree[asyncId] = {
          pid: triggerAsyncId,
          rootId: parent.rootId,
          children: [],
        }
        // 将当前节点的 asyncId 的值保存到父节点的 children 数组中
        invokeTree[triggerAsyncId].children.push(asyncId)
      }
    }
  })
  .enable()
```

上述代码大致有以下四个步骤：

1）当监听到异步调用的时候，会先去 invokeTree 对象中查找是否含有 key 为 triggerAsyncId 的属性；

2）当对象存在时，说明该异步调用在该追踪链路中，此时进行存储操作；

3）当对象不存在时，说明该异步调用不在该追踪链路中，则不进行任何操作，把数据存入 invokeTree 对象；

4）将当前异步调用的 asyncId 值存入 invokeTree.triggerAsyncId 父节点的 children 数组中。

至此，我们介绍了 invoke tree 的设计思路及其与异步调用监听的结合。下面介绍 gc 的设计和实现。

## 3. gc

因为异步调用次数非常多，如果不做 gc 操作，那么 invoke tree 会越来越大，Node.js 应用的内存会无法释放，所以需要对 invoke tree 进行垃圾回收。

gc 的设计思想是，当异步资源调用结束的时候，触发垃圾回收，寻找此异步调用触发的所有异步资源，然后重复递归查找，直到找出所有可回收的异步资源。实现代码如下：

```
interface IRoot {
  [key: string]: Object
}

// 收集根节点上下文
const root: IRoot = {}

function gc(rootId: number) {
  if (!root[rootId]) {
    return
  }

  // 递归收集所有节点 ID
  const collectionAllNodeId = (rootId: number) => {
    const { children } = invokeTree[rootId]
    let allNodeId = [...children]
    for (let id of children) {
      // 去重
      allNodeId = [...allNodeId, ...collectionAllNodeId(id)]
    }
    return allNodeId
  }

  const allNodes = collectionAllNodeId(rootId)

  for (let id of allNodes) {
    delete invokeTree[id]
  }

  delete invokeTree[rootId]
  delete root[rootId]
}
```

上述代码的逻辑是用 collectionAllNodeId 递归查找所有可回收的异步资源 ID，然后再删除 invokeTree 中以这些 ID 为 key 的属性，最后删除根节点。

而代码中的 root 对象，其实是我们对某个异步调用进行监听时，设置的一个根节点对象。这个节点对象可以手动传入一些链路信息，也就是说，可以为全链路追踪增加其他追踪信息，如错误信息、耗时等。

当我们完成了异步事件监听、invoke tree 和 gc 的设计后，接下来要将它们串联使用，监听某一个异步资源。

我们需要三个函数来完成，分别是 ZoneContext、setZoneContext、getZoneContext。下面分别介绍这三个函数。

ZoneContext 是一个工厂函数，用于创建异步资源实例，代码如下所示：

```
// 工厂函数
async function ZoneContext(fn: Function) {
  // 初始化异步资源实例
  const asyncResource = new asyncHook.AsyncResource('ZoneContext')
  let rootId = -1
  return asyncResource.runInAsyncScope(async () => {
    try {
      rootId = asyncHook.executionAsyncId()
      // 保存 rootId 上下文
      root[rootId] = {}
      // 初始化 invokeTree
      invokeTree[rootId] = {
        pid: -1, // rootId 的 triggerAsyncId 默认是 -1
        rootId,
        children: [],
      }
      // 执行异步调用
      await fn()
    } finally {
      gc(rootId)
    }
  })
}
```

在上述函数代码中，我们利用 new asyncHook.AsyncResource 创建了一个名为 ZoneContext 的异步资源实例，可以通过该实例的属性方法来更加精细地控制异步资源。

调用该实例的 runInAsyncScope 方法，在 runInAsyncScope 方法中包裹要传入的异步调用。这可以保证在这个资源的异步作用域下，所执行的代码都可追踪到我们设置的 invokeTree 中，达到更加精细地控制异步调用的目的。同时在执行完后，进行 gc 操作，完成内存回收。

setZoneContext 用于为异步调用设置额外的跟踪信息，代码如下：

```
function setZoneContext(obj: Object) {
  const curId = asyncHook.executionAsyncId()
  let root = findRootVal(curId)
  Object.assign(root, obj)
}
```

通过 Object.assign（root, obj）将传入的 obj 赋值给 root 对象，key 为 curId 的属性，这样就可以给我们想跟踪的异步调用设置要跟踪的信息。

getZoneContext 用于获取异步调用的 rootId 的属性值，代码如下：

```
function findRootVal(asyncId: number) {
```

```
      const node = invokeTree[asyncId]
      return node ? root[node.rootId] : null
  }
  function getZoneContext() {
      const curId = asyncHook.executionAsyncId()
      return findRootVal(curId)
  }
```

通过给 findRootVal 函数传入 asyncId 来获取 root 对象中 key 为 rootId 的属性值，可以得到我们想要跟踪的信息，完成一个闭环。

至此，我们就将 Node.js 应用全链路信息获取的核心设计和实现阐述完了。逻辑上有点抽象，需要多多思考和理解，才能对全链路追踪信息获取有一个更加深刻的认识。最后，我们通过全链路追踪技术来实现一个追踪案例。

为了更好地阐述异步调用的嵌套关系，这里进行了简化，没有输出 invoke tree。案例代码如下：

```
// 对异步调用 A 函数进行追踪
ZoneContext(async () => {
  await A()
})

// 在异步调用 A 函数中执行异步调用 B 函数
async function A() {
  // 输出 A 函数的 asyncId
  fs.writeSync(1, `A 函数的 asyncId -> ${asyncHook.executionAsyncId()}\n`)
  Promise.resolve().then(() => {
    // 输出 A 函数中执行异步调用时的 asyncId
    fs.writeSync(1, `A 执行异步 promiseC 时 asyncId 为 -> ${asyncHook.
      executionAsyncId()}\n`)
    B()
  })
}

// 在异步调用 B 函数中执行异步调用 C 函数
async function B() {
  // 输出 B 函数的 asyncId
  fs.writeSync(1, `B 函数的 asyncId -> ${asyncHook.executionAsyncId()}\n`)
  Promise.resolve().then(() => {
    // 输出 B 函数中执行异步调用时的 asyncId
    fs.writeSync(1, `B 执行异步 promiseC 时 asyncId 为 -> ${asyncHook.
      executionAsyncId()}\n`)
    C()
  })
}

// 异步调用 C 函数
function C() {
  const obj = getZoneContext()
```

```
  // 输出 C 函数的 asyncId
  fs.writeSync(1, `C 函数的 asyncId -> ${asyncHook.executionAsyncId()}\n`)
  Promise.resolve().then(() => {
    // 输出 C 函数中执行异步调用时的 asyncId
    fs.writeSync(1, `C 执行异步 promiseC 时 asyncId 为 -> ${asyncHook.
      executionAsyncId()}\n`)
  })
}
```

输出结果为：

```
A 函数的 asyncId -> 3
A 执行异步 promiseA 时 asyncId 为 -> 8
B 函数的 asyncId -> 8
B 执行异步 promiseB 时 asyncId 为 -> 13
C 函数的 asyncId -> 13
C 执行异步 promiseC 时 asyncId 为 -> 16
```

通过输出结果可以得出以下信息：

1）A 函数执行异步调用后，asyncId 为 8，而 B 函数的 asyncId 是 8，说明 B 函数被 A 函数调用了；

2）B 函数执行异步调用后，asyncId 为 13，而 C 函数的 asyncId 是 13，说明 C 函数被 B 函数调用了；

3）C 函数执行异步调用后，asyncId 为 16，不再有其他函数的 asyncId 是 16，说明 C 函数没有调用其他函数；

4）综合以上三点可以得知，此链路的异步调用嵌套关系为：A → B → C。

至此，我们可以清晰快速地知道各方法间的调用关系。如何设置额外追踪信息呢？我们可以在上述代码的基础下增加以下代码：

```
ZoneContext(async () => {
  const ctx = { msg: '全链路追踪信息', code: 1 }
  setZoneContext(ctx)
  await A()
})

function A() {
  // 代码同上个 demo
}

function B() {
  // 代码同上个 demo
  D()
}

// 异步调用 C 函数
function C() {
  const obj = getZoneContext()
```

```
  Promise.resolve().then(() => {
    fs.writeSync(1, `getZoneContext in C -> ${JSON.stringify(obj)}\n`)
  })
}

// 同步调用函数 D
function D() {
  const obj = getZoneContext()
  fs.writeSync(1, `getZoneContext in D -> ${JSON.stringify(obj)}\n`)
}
```

输出内容如下：

呈现代码宏出错：参数
'com.atlassian.confluence.ext.code.render.InvalidValueException' 的值无效
getZoneContext in D -> {"msg":"全链路追踪信息","code":1}
getZoneContext in C-> {"msg":"全链路追踪信息","code":1}

在上述代码中，我们先在 ZoneContext 中设置追踪信息，再调用 A 函数，A 函数调用 B 函数，B 函数又分别调用 C 函数和 D 函数。在 C 函数和 D 函数中，都能访问到设置的追踪信息。这说明，在定位分析嵌套的异步调用问题时，通过 getZoneContext 拿到顶层设置的关键追踪信息，可以很快回溯出某个异步调用出现的异常是由顶层的某个异步调用异常导致的。

如何追踪信息大而全的 invoke tree？演示案例代码如下：

```
ZoneContext(async () => {
  await A()
})
async function A() {
  Promise.resolve().then(() => {
    fs.writeSync(1, `A 函数执行异步调用时的 invokeTree -> ${JSON.stringify
      (invokeTree)}\n`)
    B()
  })
}
async function B() {
  Promise.resolve().then(() => {
    fs.writeSync(1, `B 函数执行时的 invokeTree -> ${JSON.stringify(invokeTree)}\n`)
  })
}
```

输出结果如下：

```
//A 函数执行异步调用时的 invokeTree
{"3":{"pid":-1,"rootId":3,"children":[5,6,7]},"5":{"pid":3,"rootId":3,"children"
:[10]},"6":{"pid":3,"rootId":3,"children":[9]},"7":{"pid":3,"rootId":3,"childr
en":[8]},"8":{"pid":7,"rootId":3,"children":[]},"9":{"pid":6,"rootId":3,"child
ren":[]},"10":{"pid":5,"rootId":3,"children":[]}}

// B 函数执行异步调用时的 invokeTree
```

{"3":{"pid":-1,"rootId":3,"children":[5,6,7]},"5":{"pid":3,"rootId":3,"children":[10]},"6":{"pid":3,"rootId":3,"children":[9]},"7":{"pid":3,"rootId":3,"children":[8]},"8":{"pid":7,"rootId":3,"children":[11,12]},"9":{"pid":6,"rootId":3,"children":[]},"10":{"pid":5,"rootId":3,"children":[]},"11":{"pid":8,"rootId":3,"children":[]},"12":{"pid":8,"rootId":3,"children":[13]},"13":{"pid":12,"rootId":3,"children":[]}}

根据输出结果可以得出以下信息。

❏ 此异步调用链路的 rootId（初始 asyncId，也是顶层节点值）是 3。

❏ A 函数执行异步调用时，其调用链路如图 6-10 所示。

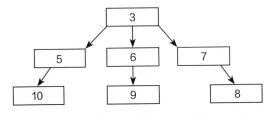

图 6-10 A 函数异步调用链路

❏ B 函数执行异步调用时，其调用链路如图 6-11 所示。

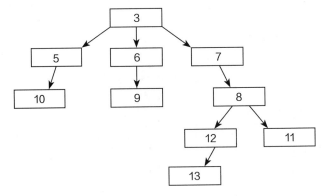

图 6-11 B 函数异步调用链路

从调用链路图可以清晰看出所有异步调用之间的相互关系和顺序，为异步调用的各种问题排查和性能分析提供了强有力的技术支持。

至此，关于 Node.js 应用全链路信息获取的设计、实现和案例演示就介绍完了。全链路信息获取是全链路追踪系统中最重要的一环，我们可以通过该方案设计使系统更加健壮，提升系统运行时的可观测性。

## 6.4 Node.js 搭建自动化文档工作流

借助 vivo 平台的优势，活动中台月均上线 H5 页面超 3000 个，DAU 达到 2800 万。在井喷式的需求背后，是每个微组件在线拼装、聚合的成果。目前 vivo 活动中台除去官方推出的公共组件外，入驻业务方个性化开发的组件总数高达 1200 个。每个微组件都经过了业务团队的精心设计，在体验和功能上都达到了很高的标准。但是，微组件不只流通于运营侧、产品侧，也在不同研发团队间流转，通过复用或者复刻的方式快速完成业务目标，减少重复开发量。本节就为读者讲解 vivo 如何围绕微组件特性，设计自动化文档工作流。

## 6.4.1　自动化文档生成器

就 H5 活动产品设计而言，每一个微组件都应该具有独立的使用文档和功能说明，帮助活动运营用户更好地使用组件。若微组件缺失了研发级的文档手册，在二次开发过程中，即使减少了从 0 到 1 的开发工作量，也会带来不小的理解成本和设计风险。所以产品的说明文档和研发手册同样至关重要。

尽管可以要求开发人员在输出微组件的过程中，详细介绍组件的各种功能，但随之而来的工作量也不小。与此同时，虽然一些业务开发团队已经开始自建组件使用文档了，但不同格式规范的文档在跨团队沟通时也将成为负担。随着需求的变化，微组件的功能会频繁地改变，技术文档是否也需要频繁地重新部署？

在此基础上，我们开始考虑，能否通过一种方便的办法，在微组件开发完成后，自动解析生成组件文档，并将其发布到统一的文档服务中，供不同的团队浏览，在提高文档制作效率的同时，也能够保证文档工作的实时性。

确定目标后，我们首先不去制造轮子，而是在业界寻找优秀的解决方案。果然，类似问题已经有了很多优秀的解决方案，如 vuese、vue-styleguidist。它们都是通过分析 Vue 组件的语法结构，生成相应的 API 文档。但是在实际使用过程中，我们会遇到一些定制的情况，例如需要分析方法传参的默认值，而且并非所有能力都需要公开等。最终我们决定自研一套自动化文档生成器，支持微组件类型的文档生成。

H5 活动的微组件规范本质上是通过 code.vue、prop.vue 来展示配置和 UI 的能力，其遵循 Vue 单文件组件规范，每个 Vue 文件都包含三种类型的顶级语言块，<template>、<script> 和 <style>。

如果需要把一个 Vue 文件解析成文档结构，能够提供的对外能力其实就是 <template>中的 slots、scopedSlots。

<script> 脚本会默认导出一个 Vue.js 的组件对象，该脚本将作为一个 ES Module 来执行，通过 export 显示指定输出。在这个导出的对象中，我们需要关注 props、methods 和 events。

<style> 在活动场景下比较特殊，一般我们需要尽量避免样式冲突，但是一些场景下不可避免地要对全局样式进行统一设置，所以我们需要一种办法将该组件一些全局的设置元素提取出来。

如何解析 Vue 文件，将我们需要的信息提取出来呢？方法大同小异，接下来我们用一

个简单的例子为读者讲解。

首先我们准备一个单文件组件，此处省略 node-fs 读取本地文件字符串的操作，直接用模板字符串代替。

```
let vue_sfc_string = `
  <template>
    <h1>{{message}}</h1>
  </template>
  <script>
  export default {
    methods:{
       // 这是一条单行注释
       bar(a=1,b=2){
         return
       }
     }
  };
  </script>
    <style>
    h1{
        color:red
    }
    </style>
  `
```

其次我们在工程中安装 vue-template-compiler 模板解析器，利用它的 parseComponent 方法将 vue sfc 模板字符串解析为描述符。

```
// 安装 vue-template-compiler
const compiler = require('vue-template-compiler');
const parsed = compiler.parseComponent(`
  <template>
    <h1>{{message}}</h1>
  </template>
  <script>
  export default {
    methods:{
       // 这是一条单行注释
       bar(a=1,b){
         return
       }
     }
  }
  </script>
  <style>
    h1{ color:red }
  </style>
`);
```

观察 parsed 打印出来的对象，其中包含 template、script、styles 的内容。

```
{
    template: {
        type: 'template',
        content: '\n<h1>{{message}}</h1>\n',
        …
    },
    script: {
        type: 'script',
        content: '\n' +
            'export default {\n' +
            '  methods:{\n' +
            '      // 这是一条单行注释 \n' +
            '      bar(a=1,b){\n' +
            '        return\n' +
            '      }\n' +
            '  }\n' +
            '};\n',
        …
    },
    styles: [
        {
            type: 'style',
            content: '\nh1{\n  color:red\n}\n',
                …
        }
    ],
    customBlocks: [],
    errors: []
}
```

接下来我们安装 @babel/parser，通过该模块将代码解析成抽象语法树（Abstract Syntax Code，AST）。AST 是以树的形式表示编程语言的语法结构，树上的每个节点都表示源代码中的一种结构。我们可以通过操作这棵树，精确定位到声明、赋值、运算语句，从而实现对代码的查询、变更、优化等操作。此处我们在第二个参数对象里设置 sourceType 为 module，表示我们解析的是 ES 模块。

```
let ast = parser.parse(parsed.script.content, {
    sourceType: 'module', // 解析 ES 模块
})
```

最后，安装 @babel/traverse，该模块可以帮助我们遍历 @babel/parser 生成的抽象语法树。该方法的第一个参数表示传入 AST，第二个参数表示可以对 AST 中特定的节点进行操作，例如处理 ExportDefaultDeclaration 对象，也就是代码中 export default {} 的导出对象。剩下的就是分析 AST 节点的关系，通过不断解析对象，拿到 comments、methodName、params 描述信息。

```
const traverse = require('@babel/traverse').default;
traverse(ast, {
```

```
ExportDefaultDeclaration (node) {
  const exportDefault = node.node;
  const properties = exportDefault.declaration.properties;
  let methods = null;
  for (let i = 0; i < properties.length; i++) {
    const proper = properties[i] || {};
    if (proper.key.name === 'methods') {
      methods = proper;
    }
  }
  methods.value.properties.map(node => {
    // 获取注释
    const comments = (node.leadingComments || []).map(i => i.value);
    // 获取方法名
    const methodName = node.key.name;
    // 获取参数
    const params = node.params.map(i => {
      return [i.name || i.left.name, i.name ? '无默认值' : '默认值:' + i.right.
        value]
    })
    console.log(...[`方法名: ${methodName}\n`, `参数: ${params}\n`, `注释:
      ${comments}\n`])
  })
}
})
```

在分析 AST 的过程中判断各种语法的类型，还需要注意同一作用的代码会出现不同写法的状况。例如注释就存在单行注释和多行注释，在 ats 中 leadingComments type 就会以 CommentBlock、CommentLine 类型进行区分，做出不同的判断。再此如函数的形参包括无入参、简单入参、默认值入参等多种场景。诸如此类情况，我们都需要有针对性的处理方法。下方是打印的结果。

```
方法名: bar
参数: a,默认值:1,b,无默认值
注释: 这是一条单行注释
```

通过上述的解析模板、分析 AST 的过程，我们可以很方便地完成一个代码转换器。例如我们需要将脚本中 vue 对象的 props 替换为 properties 属性，首先利用 traverse 中拦截的 node.key.name 进行更改，安装 @babel/generator 工具方法，再传入修改后的 ast 和 code，即可完成属性的替换。

```
// 安装 @babel/generator
const generator = require('@babel/generator').default;
traverse(ast, {
  ObjectProperty (path) {
    if (path.node.key.name === "props") {
      path.node.key.name = "properties";
    }
```

```
    }
})
const output = generator(ast, parsed.script.content);
```

以上只是核心转换逻辑，与全自动文档生成器还有不小的距离，剩下的是匹配工作和大量的文档转换工作，需要我们在过程中持续分析。当掌握了文档生成的原理，我们最后需要完成的就是将该方案集成到 webpack 插件中，利用编译的流程，自动生成文档。vue-doc 功能展示如图 6-12 所示。

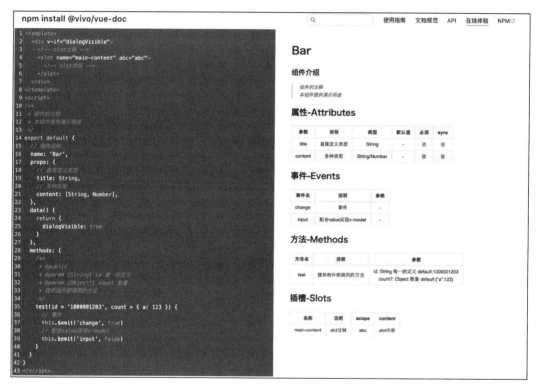

图 6-12　vue-doc 功能示意图

## 6.4.2　自动化文档部署

上一节中，我们将微组件文档生成方案，集成至微组件编译流程中，完成了自动化生成微组件文档。该文档将会随微组件统一托管在 NPM 私服中。本节我们将讲解如何实现文档自动更新和文档自动部署。

### 1. 基于 markdown render 的微组件文档更新

微组件文档会随组件一起托管至 NPM 私服，如果想拿到组件的 readme.md 文档，一般采用服务端拉取 npm tar 包，解压后返回客户端展示的方案即可。该方案强依赖服务端，并且在服务端有拉取、解压、响应的流程，所以展示的速度比较慢，体验不好。另外一种方案就是对私服插件详情页进行远程读取渲染，这种方案属于爬虫方案，虽然性能够好，但是呈现效果打了折扣。

最终我们决定开发一款 NPM 私服插件，该插件的功能是拦截活动中台微组件的 NPM 包，在入库的同时，将微组件文件推送到静态资源服务器中。在线文档系统，只需要拉取 markdown 的远程文件即可，通过本地的 markdown 渲染组件，完成最终的 HTML 展示。整体加载渲染过程如图 6-13 所示。

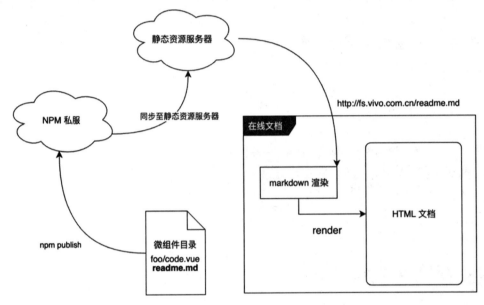

图 6-13　文档动态渲染示意图

这种方案可以很好地权衡性能和效果，也可以满足微组件代码 NPM 私服更新、文档系统及时生效的诉求。其实该方案参考了设计器中微组件的加载方案，只不过 markdown 文件的渲染依赖于第三方组件 mavon-editor，而微组件的渲染依赖于基座的 new Function render。活动中台微组件渲染示意图如图 6-14 所示。

### 2. 基于 GitLab Webhook 完成文档仓库自动化更新

对于微组件的开发者来说，一共有两种类型的文档，一种是自身输出的组件文档，另一种是 vivo 活动中台本身的研发文档。虽然微组件大部分情况下不耦合于活动中台，只通过远程加载，将能力呈现于用户端，但是活动中台的设计器为微组件提供了大量的可选开发套件。例如媒体选择器，让微组件可快速上传引用线上素材；再比如富文本组件，使得微组件可通过简单的标签引用快速构建富文本输入框；又比如前文提及的，设计器为微组件扩展了不同的生命周期钩子等，这些都是活动中台内置的功能。活动中台会不断提炼和扩充这些通用的提效能力，帮助微组件开发者更加高效地进行开发。这些能力的不断输出，需要相应文档系统的及时更新，以避免造成与微组件开发者的信息不对称的情况。

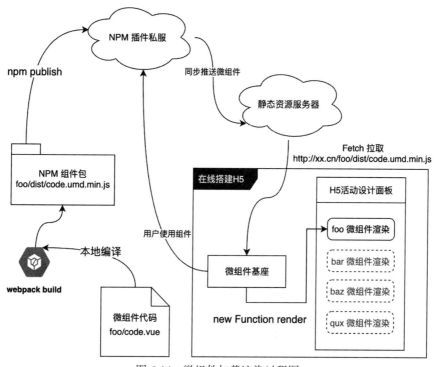

图 6-14 微组件加载渲染过程图

作为服务整个公司活动运营的中台，配套的文档系统是不可或缺的。活动中台的文档是通过 GitLab 仓库来进行维护，最后通过正常的 Web 服务部署上线，并提供在线访问能力。每当文档内容需要更新时，中台的开发者需要在本地仓库中修改对应内容，然后提交到 GitLab 中，再去部署，完成文档服务的重新部署与更新。由于整个流程是一种机械式的重复劳动，我们期望能够以自动化方式代替人力，更好地完成这个任务。

当我们站在代码库的角度来思考这个问题时，由于编码的内容都是代码库的制品，当开发人员完成本地编码后，代码提交行为是一种可以被代码库识别的固定行为。若此时代码库具备一种对外通知能力，能自动识别开发者的提交行为，并通知对应的部署服务器进行内容更新，我们就能实现文档自动化部署流程，让开发者无须进行重复工作，将文档更新工作交给程序自动完成。这个对外通知能力就是 Webhook。

Webhook 是 2007 年由 Jeff Lindsay 在计算机科学 hook 项目首次提出的概念。当关键事件发生时，源网站可以发起请求到 Webhook 配置的 URL 上，用户通过在该站点触发事件之后，再调用另一个站点的行为。它是一种用户定义的 HTTP 回调，是代码库中某些事件触发的，可以用来将代码推送到数据库进行存储，也可以将用户的评论内容以邮件的形式通知给开发者。

Webhook 经常与测试集成服务进行协同工作，例如代码更新后可以将最新的代码集成到指定服务器，进行自动化测试，从而发现编码过程中的问题。Webhook 会将代码库内部的一些行为同时转化为对外通知的能力。开发人员对于代码的各类行为，都能通过Webhook 进行对外通知。在 GitLab 中我们可以通过其提供的 describe 钩子来完成 Webhook主流程的判定逻辑。

相较于之前的手动部署，自动化部署有以下优势：

❑ 部署过程自动化，无须研发人员手工操作；

❑ 内部可以载入监控中间件、日志中间件，方便定位问题；

❑ 扩展性更强，更节约开发人力成本。

下面我们基于 GitLab 完成代码仓关键行为，触发自动化部署通知能力。首先登录GitLab，在 Settings -> Integrations 中勾选 Enable SSL verification 选项。在 GitLab 中有以下几种行为可以触发 Webhook 进行对外通知。

❑ Push：开发者推送本地的提交。

❑ Tag：开发者添加或删除标签。

❑ Issue：有 issue 建立，或者存在的 issue 有更新、关闭或重新打开。

❑ Comment：提交或代码合并，issue 等内容由用户进行评论。

❑ Merge request：有新的代码合并，或者存在的代码合并请求有更新、关闭或合并成功。

❑ Wiki Page：一个文档页面被创建、更新或者删除。

❑ Pipeline：流水线状态变更。

❑ Job：构建任务状态变更。

以上代码库行为，都可以结合 Webhook 技术改善研发流程，为开发者提效。

假设有以下场景：开发者在文档编写完成后，提交代码，代码库识别到这次代码的提交，触发 Push Webhook，在线文档部署服务器的 Webhook 接收器接收到请求，将部署服务器上的代码库更新到最新的内容，并重新进行服务构建。部署完成后，再次通知触发Webhook，将部署消息通知到开发者的 OA 软件或微信客户端。这样从编码提交，到服务重新构建上线，再到上线成功推送，整个部署链路成功闭环。

接下来，我们来实现一个 Node.js 版的 Webhook 接收器，来接收代码仓的 Push 事件，最后到执行服务器的部署脚本。完整的代码结构如下：

```
webhook.js       # 用于接收 Webhook 的 HTTP 请求，然后调用部署脚本
build.sh         # 文档服务部署脚本
message.js       # 部署结果对外通知
package.json     # 依赖信息
```

我们编写 webhook.js 逻辑，通过 koa 中间件，解析出请求 Headers 中的 x-gitlab-event标识，然后根据标识内容执行部署脚本或其他业务操作。主要功能流程代码示例如下：

```
// webhook.js
var Koa = require('koa');
var bodyParser = require('koa-bodyparser');
var { spawn } = require('child_process')
```

```
var app = new Koa();
app.use(bodyParser())
app.use(async ctx => {
  var xGitlabEvent = ctx.headers['x-gitlab-event']
  var body = ctx.request.body
  // 如果是代码提交的 Webhook
  if (xGitlabEvent === 'Push Hook') {
    // 执行 build 脚本
    const proc = spawn('./build.sh', { stdio: 'inherit' })
    // 脚本正常结束，通知构建成功
    proc.on('close', () => {
      message('build ok 🎉')
    })
    // 脚本抛出异常，通知构建失败与失败信息
    proc.on('error', (err) => {
      message('build failed 😭, ' + err.message)
    })
  }
});
app.listen(3000);
```

对外推送代码示例如下：

```
// message.js
module.exports = function sendVmsg (message) {
  const url = 'https://pushurl.com'
  return axios({
    method: 'post',
    url,
    data: {
      msg: message
    }
  })
}
```

以上我们使用 Webhook 实现了部署服务器接收到最新的文档，并提交请求自动化部署的功能。当然基于 Webhook 本身的强大设计，我们还能够实现更多的功能，例如：

❑ 开发者提交代码合并时，测试服务器自动执行测试用例，将测试结果发给开发者；

❑ 开发者提交代码时，检查当前代码依赖是否可以升级；

❑ 开发者完成一个新版本，提交 tag 推送时通知项目组有新版本即将上线；

❑ 构建服务器构建状态变更后，通知平台开发者。

Chapter 7 第7章

# 中台之上的低代码开发平台

低代码开发已成为一种趋势,目前在办公系统领域的普及率非常高。它可以大幅节省软件系统开发时间,降低开发成本,一个原本需要10万元成本的项目可以压缩到几万元或者几千元。再借助公有云的能力,低代码开发如虎添翼。

低代码其实就是不用代码或者通过少量代码就能快速生成应用的工具,一方面可以降低企业应用开发的人工成本,另一方面可以缩短几个月甚至几年的开发时间,从而帮助企业降低成本、提高效率。

那么,低代码开发平台与中台是否也有关联呢?本章将为大家讲解 vivo 活动中台之上的低代码开发平台实践。

## 7.1 H5 生产力的迷与思

长期以来,vivo 活动中台一直以微前端的方式支持 H5 活动开发,其优势在于 H5 活动页面将被拆分成具有不同功能的微组件,开发者在本地完成微组件开发后,提交到活动中台,然后产品运营人员可以通过可视化的方式将这些组件在线拼接,最后发布上线。本地开发结合在线搭建的模式很好地解决了组件与平台耦合的问题,灵活地支撑着每个团队的活动搭建。每一个微组件都遵循着 UI 交互层、配置层的构成规范。UI 层就是实际的活动效果,配置层可以让产品运营灵活地进行功能调整,完美地架起了运营与活动用户之间的互动桥梁。

### 7.1.1 低复用场景下的弊端

经过对活动中台的学习,读者不难发现,vivo 活动中台实际上需要同时服务于组件开发人员和活动产品、运营人员。随着时间的推移，不同的用户群体的目标不断改变，逐渐导致活动中台的属性在支持过程中出现明显偏差。产品人员关注的是研发人员提交的组件是否达到预期的效果，开放的配置项是否足以满足线上需求，以及活动页面是否能够迅速打开；开发人员关心的是组件开发的效率是否足够高，功能抽象的成本是否足够低。

如果始终以通用活动为参照物，如日常的市场营销活动、促销活动等，双方的目标很容易达成一致，但如果在定制活动场景中，这种模式的弊端逐渐显现。由于定制活动玩法的复用性低，功能抽象成本高，且未来的复用改造性需求也不能确定，如果采用离线拆分开发，在线聚合组装的方式，其实远不如本地开发的效率更高。表 7-1 罗列了通用型 H5 和定制化 H5 的差异。

表 7-1  通用型 H5 和定制化 H5 的差异

|  | 通用型 H5 | 定制化 H5 |
|---|---|---|
| 时限要求 | 中等，前瞻性活动模板 | 强，在重大时间点前上线 |
| 复用性 | 高，模块一般要求重复使用 | 低复用，强复用场景需要做兼容处理 |
| 页面组成 | 页面组成有规律，降低用户参与的心智 | 无规律，一般以营销玩法为核心 |
| 复杂度 | 相对较低 | 相对较高 |
| 配置要求 | 相对较高，适用不同场景 | 低，只关注关键配置 |

定制化活动就是典型的高复杂度、低复用场景。该类型活动在活动中台每月上线的占比是 5% ～ 10%，但从活动价值来比较，定制化动往往能在短期内带来更大的收益。了解了通用型活动与定制化活动的差异后，我们再来看中台活动的生产流程，从需求下发、拆解，再到微组件开发，运营在线拼接活动，最后发布上线，其中 A 环节中的微组件 1、2、3 可以在另外的活动场景中重复使用，如图 7-1 所示。

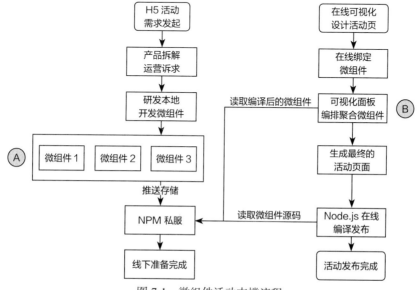

图 7-1  微组件活动支撑流程

　　若是把上面提到的活动生成模式，复用到定制活动中，就好比把一个完整的活动线下拆分后，在线上完成黏合。这种类型的活动组件往往职责单一，在缺乏多业务、多场景复用性的情况下，却被要求遵循复用性的方式进行开发，这无疑会带来灾难性的开发体验，即使提供了多么完美的研发套件也不行。

　　开发者的目标是高效率的支持业务。为了适应中台规范并实现自己的目标，许多团队将定制化活动在 A 步骤中，不再抽象多个微组件，而是统一地聚合为单个微组件，即一个微组件就是完整的定制化活动。产品运营人员在 B 步骤中，通过可视化设计，直接拖拽到该微组件完成活动配置。活动中台在定制的活动场景中，逐渐变成了纯粹的活动发布工具。实际上，这种方式并没有给开发人员带来效率的提高，相反，与传统的活动开发模式相比，微组件增加了开发者的心智负担。

　　活动中台过于关注中台的概念，而忽视了实际 H5 生产力的效率。无论模式和观念如何先进，都不应该成为"一招鲜"的托词。在取得了阶段性成功的当下，我们需要再次回到传统的研发流程中来思考问题。在定制化的场景中，微组件的开发方式真的很复杂吗？实际上，开发的复杂性并不在于架构设计或技术本身，我们需要提供另外一种高效的方式去支持定制化活动开发。基于定制化的活动特征，活动中台开始将研发和运营场景进行区分设计，零代码支撑产品运营，低代码加速开发者本地开发效率。

　　定制化活动是针对某一类特殊场景进行的个性化开发的活动，我们不能认定其中的活动元素完全没有复用的可能性，但如果抱着复用目的的开发，工作量将会呈几何倍增长。所以，正常的处理逻辑是，优先服务业务诉求，观察最后的活动效果，决议是否将其中的模块转化成通用微组件。确定基调后，要在保留微组件灵活且高扩展的优点的同时，继续享有微组件带来的生态红利，复用统一活动发布出口，减少微组件在研发环节路径上带来的负担。

## 7.1.2　零代码与低代码

　　对于活动的生产者来说，活动中台是标准的图形化零代码平台，产品运营通过可视化拖拽的方式在线生成 H5 页面，H5 生产的体验和效果已经达到不错的标准。微前端赋予图形化拖拽的开发能力，零代码平台最终进化为活动中台。

　　那么，什么是低代码开发？ 2014 年，Forrester 公司提出了一种用来快速交付应用程序的开发模式，低代码平台（Low-Code Development Platform，LCDP) 的概念正式出现在大众视野。低代码为每个用户提供了开箱即用的应用程序开发能力，在可视化 GUI（图形用户界面）上通过拖拽的方式即可开发出各式复杂的页面和业务逻辑。该模式抛弃了传统的编码方式来开发应用程序，使不同 IT 水平的用户都可以轻松开发出所有类型的应用程序。IDE Microsoft Visual Studio 中的 Windows 窗体应用设计面板就是最经典的低代码设计示例，如图 7-2 所示。

　　部分从业者会将零代码平台（No-Code Development Platform，NCDP）的概念放到低代码的对立面。低代码和零代码，这两个术语的字面意思有很强的误导性，它们都是低代码模式中概念，两者区别并不在于用户是否需要编码，而在于使用这些平台构建应用的用户类型。它们的本质都是通过抽象系统能力建立代码服务，降低响应用户需求的周期。零代码模式可以帮助普通用户在没有任何编码的情况下创建简单应用，低代码模式能够让专业开发者通过少量编码，快速构建出更复杂的应用。

图 7-2　Visual Studio Windows 窗体应用设计面板

无论是哪种业务支撑模式，都对系统的支撑能力提出了更高的要求，需要更强大的技术团队。所以这些模式不是在淘汰开发者，而是给予了开发者更大的挑战和更多的机会。新冠疫情期间，Oracle 公司低代码开发平台 APEX 在短短数天时间内就成功构建并上线多个新应用来应对疫情给人们生活带来的影响，进一步推动了低代码行业的爆发。

回到我们前面探讨的问题既然定制化的活动复用需求低，那中台需要解决如何借助微组件的优势，让个性化活动更加高效的生产的问题。这个问题面向研发用户，恰好与低代码的概念吻合，所以我们将活动中台的个性活动支撑模式从通用活动开发模式中抽离，诞生了低代码工具。

我们在实践过程中发现，零代码模式更适合固定范式内的组装和应用，虽然使用门槛低，但应用场景单一。而低代码虽然可以满足绝大部分的定制需求，避免了零代码模式下"最后一公里"的尴尬局面的诞生，但本身需要用户具备一定的专业软件编码知识，虽然扩展灵活性高，但使用门槛也很高。因此我们需要将两者结合应用，扬长避短，利用零代码模式下丰富的抽象组件和低代码模式下易用的编码扩展设计，才能真正满足实际应用场景的需求。

国内外的低代码系统已经数不胜数，但是绝大部分的低代码系统更像在培养一个全栈型的软件工种，例如让产品人员了解代码知识，线上配置代码能力，生成最终交付件。虽然看起来降低了研发门槛，但是交付件的能力都被限制在了低代码平台具备的功能中，套娃式输出的应用很难与活动当前面临的问题相吻合。

在个性化的活动场景中，研发人员需要的是迅速实现不同业务需求和玩法效果，并且在企业级的运作模式中，"术业有专攻"才是最重要的。所以，活动中台的低代码工具的最终目标是解放研发生产力，降低活动开发门槛、提升开发体验，帮助研发人员做更少的重复性工作，更多地聚焦于业务逻辑本身。

## 7.1.3　低代码模式下的活动开发

活动中台希望低代码可以帮助研发者更快地生产个性化活动，并且保留组件可以转换为微组件集成至零代码平台使用的能力，最终达成写最少的代码，输出高质量的 H5 页面的目标。

与微组件开发（常规性活动开发）模式不同的是，个性化活动不再是逐个组件开发，而是统一在线下使用传统方式开发。有读者会好奇，这难道不是回到书中开篇的纯代码开发模式了吗？纯代码开发模式下，研发人员有极大的扩展自由去实现活动效果。这刚好符合个性化活动的诉求，但是我们需要在此基础上解决三个问题：

❏ 如何基于活动中台微组件生态进行快速开发，而不是纯粹的从 0 到 1？

❏ 个性化开发的活动如何高效地进行线上配置变更？

❏ 个性化活动如何转换至零代码平台，进行二次沉淀复用？

通过与具备大量活动开发经验的前端工程师们进行充分的沟通和探讨，我们最终决定以本地开发控制台的方式辅助活动的生产过程，活动交付件则通过活动控制台的方式，进行统一管控。与零代码平台不同的是，它的开发方式不再要求符合微组件规范，线上配置方式完全围绕研发习惯进行设计。低代码工具核心功能矩阵如图 7-3 所示。

### 1. 本地开发控制台

既然是工具，就要遵循过程无侵入，能力可选使用的规范。低代码工具采用 Node-CLI 的方式，开发者在开发过程中可以完全忽略它，甚至当本地开发完成，到了最后的代码提交阶段，依然可以忽略它。在希望使用赋能能力的阶段，开发者可以通过脚本命令，本地启动 CLI 服务，此时工程检测和代码可视化的能力将以 Web 网页应用的形式将操作面板运行在浏览器中，原理和形式都类似 vue-ui。

同时，该面板会读取生态中可用的微组件，例如图片、轮播、弹框、视频等组件，甚至是自身或他人提交的组件代码。开发者在此面板中可以轻松地将远程代码拖拽至本地工程，结合自身写的插件代码，快速完成活动的搭建。

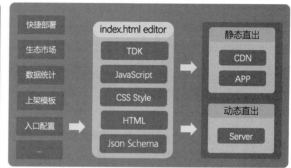

图 7-3　低代码工具核心功能矩阵

一些开发者会对开发脚手架有自身的定制需求，例如统一的组件库、工具方法等。如果每次活动开发都需要重复搭建，必然会影响开发体验和效率。因此低代码工具提供了类似派生（Fork）的能力，在基础脚手架中定制符合自身团队的框架，可推送存储于低代码工具，下次直接选择使用即可。

开发者虽然可以拉取第三方的组件集成至自身的代码工程中使用，但这种集成方式不是注册至 node_modules 中，而是直接将源码远程复制到工程的源代码（src）目录中。这种操作的好处是，很多情况下第三方组件并不能直接拿来即用。例如轮播微组件虽然可以快捷地通过 prop.vue 配置每一页的图片，但如果我们的产品需要是视频轮播，就需要进行二次开发。如果此时组件注册在 node_modules 中，就需要手动将组件搬运出来修改。另外，低代码工具同样提供了派生能力，可以个性化修改存储，方便下次使用。

### 2. 个性化活动管理

（1）快捷部署

低代码工具提供了三种接入部署的能力，离线包上传、Git 仓库读取、公司统一的 CI/CD 流水线对接。当开发者将资源提交至平台后，低代码工具将提供统一的托管环境、域名，统一完成 Nginx 的最佳配置，节省每个活动上线的运维工作。这里复用了活动中台的线上域名能力，保持统一。

（2）生态市场

低代码工具与活动中台的微组件生态打通，开放更加宽限的提交规范，例如本地的脚手架、代码片段、微组件等，拉通各业务团队建立的公共能力，例如金融团队的支付插件，视频团队的直播插件等，让 H5 生态成为跨团队赋能研发的利器。同时，该市场也和线下控制台打通，加速本地活动开发。

（3）数据统计

低代码与零代码不同是，所有的研发行为由研发用户自行选择，包括活动的编译也是由开发者最后自行完成的。而零代码只开放了组件的槽口，但是最终的编译由零代码平台进行掌控。所以零代码平台可以很轻松地在活动代码入口植入监控和统计脚本，用于分析线上活动的运行情况，但是低代码工具不参与编译打包行为，也就无法控制活动数据埋点。在这种情况下，我们从 Nginx 层面采集 H5 域名访问日志，清洗后导入 Kafka 中，从大数据的消息队列里获取能抽象的数据，最后将数据呈现在活动中台中。这些数据不仅能统计到活动访问的 PV、UV，还可以根据访问的用户属性提炼出很多有价值的数据维度。这些能力都建立在无侵入的原则之上。

（4）上架模板 / 组件

这里的上架，意指将活动和组件上架至活动中台提供给运营二次使用，完成了从个性化到复用环节的闭环操作，效果出色的个性化活动往往有着很高的复用价值。低代码工具提供了将个性化活动转化成能让零代码平台读取的微组件规范（dist/code.umd.js、dist/prop.umd.js），将其包装为能被零代码可视化设计器识别的组件，完成模板转化。当然这里也需要零代码平台进行改造兼容，因为活动开发者会选择不同的技术栈进行开发，所以低代码在 Vue 文件编译转换时不仅需要提供 UMD 规范组件文件，还需要提供 Commom JS 组件规范，避免零代码识别组件时出现技术栈不兼容的问题。

（5）入口配置

入口页是指用户访问 H5 时打开的第一个页面，一般该页面承载了该 H5 资源的主体访问内容。H5 落地页上线后，难免会遇到活动参数调整的情况，为了解决该问题，低代码工具将入口文件通过 AST 技术在线解析成配置面板，提供 TDK（title、description、keywords）、JavaScript、CSS Style、HTML 在线编辑的能力。通常我们建议开发者将所需配置的数据通过 Json schema 模式提前预置于资源中，管控平台会自动分析 Json schema 配置文件生成可视化的配置入口。例如在 Json schema 中声明数据的含义和数据类型，管控平台将自动生成对应的表单 UI，方便用户在线修改数据。

当完成配置数据修改后，发布程序会自动更新线上入口资源，达成资源实时更新的目的。读者可能会好奇，为什么不直接提供在线 JSON 数据编辑的能力。因为通过 Json schema 可以保证在线编辑数据的灵活性和安全性，同时可以增强用户配置体验。

（6）直出发布

发布模式分为静态直出、动态直出，两者的区别是：静态直出模式会将资源打包推送至 CDN 或 App 客户端环境，利用 CDN 节点加速或是静态离线包的技术提升用户访问网页速度；而动态直出，是将资源及资源的入口推送到服务端，利用服务端的编译能力，如数据请求预期、动态模板渲染等能力，将直出的内容提前在云端生成，用户打开网页即是真实的访问内容，利用接近 SSR 技术的能力提升用户访问体验。

在 vivo 活动中台的发展过程中，我们发现了定制化活动开发模式与中台模式的效率低下，最后采用复用微组件模式和底层基础设置，抽象了低代码工具，才实现了定制化活动的效率提升和转换通用型活动的通道，如表 7-2 所示。

表 7-2　零代码模式与低代码模式下的活动

| | 零代码模式下的活动 | 低代码模式下的活动 |
| --- | --- | --- |
| 用户类型 | 产品、运营 | 研发 |
| 页面生成方式 | 可视化拖拽 | 开发者本地开发 |
| 配置安全性 | 安全性高，配置项、行为被精心设计 | 安全性低，约束小，对研发操作要求高 |
| 发布耗时 | 在线 webpack 打包，耗时长，平均 20 ~ 30s | 资源文件推送，耗时短，平均 1s 以内 |

对于通用型、模板型的活动，无论是从复用性、搭建效率，还是从使用门槛来考虑，一定是零代码平台更易于达成最佳的效果，它很好地磨平技术和业务的要求，用最通俗的系统形式，帮助业务快速达成目标。但是对于定制化活动，就需要用最迅速的方式、最小的成本完成个性化开发，低代码工具正好弥补了 vivo 活动中台在低复用场景下的短板。

接下来，笔者就为读者呈现如何设计、构建一个本地低代码工具。

## 7.2　构建本地低代码工具

在探索工程可视化的第一个版本的过程中，活动中台通过一种全包的编码服务为研发用户提效，例如将代码脚手架、编译服务全部内置到 VSCode 扩展中，希望用户进入 IDE 中就能感受到从编码到调试，再到最后上线的全流程赋能。

实际上，为别人考虑太多是一种绑架行为。此时，我们忽略了每个开发者都有自身的诉求，比如编码习惯、工程配置习惯、擅长的框架技术等。在 VSCode 插件中，我们将开发脚手架的 CSS 预处理机制默认与 Less 进行绑定，但其他团队研发用户可能已熟练掌握了 Sass 的用法。并不是研发用户不能适应中台制定的代码规范，实际上，强迫开发人员选择中台提供的开发方式，是对长期沉淀技术资产的浪费，例如封装的组件、场景指令、代码片段等。也许新业务可以通过成熟的开发方式获取效率提升，但对成熟的业务开发而言，是深切的伤害。

### 7.2.1　低代码工具设计

基于对历史经验的反思，我们研究了行业的插件开发模式。读者可能会感到好奇，本地开发工具和插件开发之间有什么关系？其实两者在底层是非常类似的，前者是工程级、页面级的，后者是模块级、最小支撑单位的。插件开发模式并不会限制开发者的流程实现，插件的依赖信息、开发环境都链接到开发人员的本地环境，它们只管控起始环节，例如插件开发的入口和插件的发布渠道，实际开发过程中仍然给予了开发者充分的自由度。目前流行的软件插件开发方式如图 7-4 所示。

因此，我们推翻了原先的开发架构，重新思考如果更好地服务于研发人员。我们提供的工具的能力和定位具体是什么？ vivo 活动中台为产品、运营提供活动页搭建服务时，它是一个典型的零代码平台，而当它面向研发人员提供插件开发服务时，又是一个典型的低代码工具。

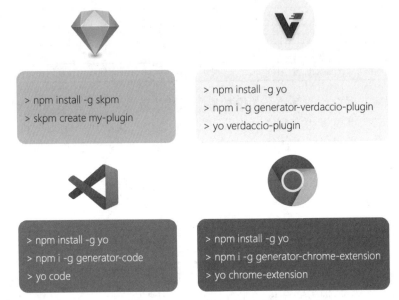

> npm install -g skpm
> skpm create my-plugin

> npm install -g yo
> npm i -g generator-verdaccio-plugin
> yo verdaccio-plugin

> npm install -g yo
> npm i -g generator-code
> yo code

> npm install -g yo
> npm i -g generator-chrome-extension
> yo chrome-extension

图 7-4  行业中插件的开发方式

当前，大多数低代码工具是让研发用户进入在线平台，进行图形化的模块拼装和功能预设，最后再将代码导出二次加工或者直接发布，线上使用。由于在线平台需要考虑到业务可能出现的各种场景，因此要么限制业务的覆盖场景，要么将所有的业务场景都进行设计，支持所有的诉求，可这样前期的建设成本过高，不适用于垂直于业务领域的平台系统。

最终，我们将注意力转移到了本地研发上，我们希望通过在本地研发的基础上，设计一套最小侵入、可选使用的提效方式。与传统的开发插件的方式极为相似，用户本地安装Node-Cli 命令行工具，通过命令行工具以图形化的方式将工程本地启动，达成了最小侵入的目标。当然用户也可以选择不启动工具，直接本地开发工程，也不会受到影响。

由于我们的目标是最小侵入，因此工程解析器将会使用代理模式。代理模式本质上是为其他用户提供一种代理对象，用以控制访问对象。例如我们不能直接介入用户的工程，而代理对象可以在客户端和目标对象之间起到中介的作用。

### 1. 代理组件

使用本地命令行启动的 Web 图形工具，功能是使用本地 Web 服务分析用户工程，再通过 socket 方式与用户本地工程发生通信交互。而低代码解析器内置于工程的开发依赖中，与用户工程同属一个目录，所以可以很轻松地实现与用户工程的交互。

通过分析用户工程的组件目录，进行预渲染。转化为图形化素材组件，不仅可以使用来自用户本地工程的组件，低代码工具也会从组件市场远程拉取公共、第三方组件以供开发者自由使用和扩展，也支持用户将自己本地的组件提交至组件市场，以供其他开发用户使用。

### 2. 代理布局

用户将组件拖拽至页面布局区域，我们可以通过固化布局配置生成最终的布局，相当于不直接修改开发者本地代码，组件与页面中间多了一层布局转化器。利用这层布局转化器，我们可以做到无侵入式的代理组件基础配置，例如定位方式、页面位置、尺寸大小、边框背景等。无须重复书写常规代码，以可视化的方式就可以快捷支撑。

代理布局的另一个优势是可以快速聚合组件，例如我们需要活动规则弹框，弹框组件和文本组件便可快速在本地生成弹框组件配置代码，我们可以直接使用配置代码发布页面，也可以将配置代码转化为最终的代码文件。

### 3. 代理配置

网页的代理配置分为静态配置与数据配置。两者的共同点是都预留了槽口，当数据流入后可以进行相应的逻辑处理；不同点是静态配置通常针对网页的样式、事件之类的静态规则，而动态配置针对的则是业务系统返回的接口数据，行业内低代码工具会选择将数据接口预先封装为数据适配器 DataAdapter，再选择数据源与组件的数据槽口进行对接渲染。

了解微组件的读者此时会意识到，既然低代码的组件采用了微组件的开发规范，我们又具备了通用可视化的方案，那我们是否可以将组件的配置层进行代理生成？

基于微组件技术，低代码组件的配置扩展有了极大的提升，目前有四种渐进式的组件配置方式：

第一种模式是无配置，并不是所有的工程上线后都需要进行在线配置，低代码组件中不具备 prop.vue 也不会影响解析器分析；

第二种是 json-view 的 json 可视化工具，解析器会预取组件的 setting.json，用户可以通过纯字符形式的配置方法进行修改配置，当然我们还是保留了 code、prop、setting 三者的联动关系；

第三种是解析 setting 配置，生成初级图形化表单面板，帮助用户快捷完成配置，与 json-view 的方式类似，该方法是将 setting 的配置转换成了界面配置，对于简单的配置场景，是比较好的选择；

第四种是遵循微组件的规范，读取 prop.vue 配置侧逻辑代码，若配置相对复杂，解析器也可以选择 prop.vue 的读取方式。

### 4. 代理路由

与 H5 活动不同的是，低代码解析器需要关注多页面情况，包括页面的跳转、页面的生成、页面参数传递、页面的生命周期等。从页面设计的角度出发，多页面是多个组件聚合方式的关系存储。这里可能会与活动的单页概念发生混淆，从代码实现的角度来看，活动的单页其实建立在模拟路由的架构体系中，通过切换不同的元素容器，达到页面切换的效果。提供内置页面选择器，通过平台外露的点击跳转事件，实现跳转到目标页面的效果。

与传统路由不同的是，单页很少会出现页面参数传递的场景，且不需要与浏览器的前进后退功能关联，页面发生变化时浏览器地址栏也不会发生改变。低代码多路由的实现，需要基于成熟的路由体系进行代理扩展，例如我们选择使用 Vue.js 官方的路由管理器 Vue Router 进行编程式路由设计。

**5. 代理编译**

默认支持用户根据本地架构进行编译，代理编译建立在代理配置的基础上，将整体页面转换为微组件，只有符合微组件规范的工程结构才能在低代码共享生态中传播、分享，真正将可视化效果做到了极致。该过程也支持将组件或活动编译成 CommonJS，用于零代码平台的编译工作。

## 7.2.2 基于 Vue 代码的工程可视化工具

接下来我们通过不到 200 行的代码搭建一个本地低代码工程。首先初始化一个 Vue 工程，目录如下：

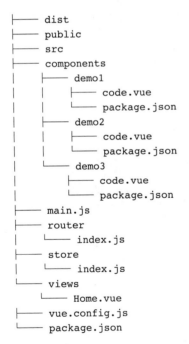

```
├── dist
├── public
├── src
├── components
│   ├── demo1
│   │   ├── code.vue
│   │   └── package.json
│   ├── demo2
│   │   ├── code.vue
│   │   └── package.json
│   └── demo3
│       ├── code.vue
│       └── package.json
├── main.js
├── router
│   └── index.js
├── store
│   └── index.js
└── views
    └── Home.vue
├── vue.config.js
└── package.json
```

上面就是普通 @vue/cli 初始化的工程，我们在 components 文件夹中初始化了 demo1、demo2、demo3 三个插件，这些插件文件都约定了 code.vue 作为插件入口。

demo1 组件文件的内容如下：

```
<!-- demo1/code.vue -->
<template>
  <div> 组件 1</div>
```

```
</template>
```

package.json 用于描述组件信息，内容如下：

```
// dmeo1/package.json
{
  "name": "demo1",
  "version": "1.0.0",
  "cnname": " 组件 1",
  "keywords": [],
  "author": "",
  "license": "ISC",
  "description": ""
}
```

为了方便效果呈现，我们在 demo 主工程下新建一个最简单的 @vue/cli 工程，进入低代码的实现过程。

```
low-code
├── public
│       └── vue.min.js
│       └── vuex.min.js
│       └── index.html
├── src
│       └── main.js
│       └── json-code.vue
├── vue.config.js
└── package.json
```

为了提升打包速度，默认将 Vue、Vuex 依赖包外置。查看 index.html 文件如下：

```
<body>
  <div id="app">
    <!-- 资源组件区 -->
    <div id="source">
      <div class="title"> 资源组件 </div>
      <div class="target"></div>
    </div>
    <!-- 页面编辑区 -->
    <div id="edit">
      <div class="title"> 页面编辑 </div>
      <div class="target"></div>
    </div>
    <!-- 页面预览区 -->
    <div id="preview">
      <div class="title"> 页面预览 </div>
      <div class="target"></div>
    </div>
  </div>
  <script src="./vue.min.js"></script>
  <script src="./vuex.min.js"></script>
```

```
  <script>
    window.Vue.use(window.Vuex)
  </script>
</body>
```

注意，外置公共资源记得配置 externals。

vue.config.js 配置如下：

```
// vue.config.js
module.exports = {
  configureWebpack: (config) => {
    config.externals = {
      "vue": "Vue",
      "vuex": "Vuex",
    }
  }
}
```

简单介绍下入口 HTML 的功能布局：资源组件区用来展示用户本地工程的插件资源，页面编辑区用来展示构建页面的 JSON 配置信息，页面预览区用来解析页面配置，展示最终页面的区域。

第一步：读取用户本地组件

我们通过低代码工程读取用户本地的插件信息，在资源组件区进行展示。

low-code/main.js 代码呈现如下：

```
// main.js
function getLocalComponentsData () {
  const files =
require.context(`../../src/components/`, true, /^\.\/((?!\/).)*\/package.json$/);
  return files.keys().reduce((r, key) => {
    const pathname = key.replace(/package.json|\.|\//g, '')
    Vue.component(pathname, () =>
      import(`../../src/components/${pathname}/code.vue`))
    r.push({ ...files(key), pathname })
    return r
  }, [])
}
```

我们利用 webpack 的 require.context 方法快捷读取用户本地组件目录下的 code.vue 文件，该方法有三个参数，第一个表示要搜索的目录，第二个表示是否还搜索其子目录，第三个为匹配文件的正则表达式。

context module 会导出一个函数，此函数有三个属性。

❑ resolve {Function}：接受一个参数 request，request 为 test 文件夹下面匹配文件的相对路径，返回这个匹配文件相对于整个工程的相对路径。

❑ keys {Function}：返回匹配成功的模块的名字组成的数组。

❑ id：上下文模块 ID。

在工程化的操作里，require.context 常常被用来解析本地工程文件，然后完成组件、路由、store 读取、注册等批量工作。getLocalComponentsData 方法通过 require.context 主要完成两个职责，第一个职责是将读取的组件全部注册为全局组件，第二个职责是将每个组件的 package.json 信息构建成 data 对象。

getLocalComponentsData 返回的对象如下：

```
[
  {
    "name": "demo1",
    "version": "1.0.0",
    "cnname": " 组件 1",
    "pathname": "demo1"
  },
  {
    "name": "demo2",
    "version": "1.0.0",
    "cnname": " 方块 ",
    "pathname": "demo2"
  },
  {
    "name": "demo3",
    "version": "1.0.0",
    "cnname": " 方块 ",
    "pathname": "demo3"
  }
]
```

我们将 data 中的组件对象进行目标渲染，代码如下：

```
// main.js
// more ...
new Vue({
  render: function (h) {
    return h('div', componentsData.map(item => h(item.pathname)))
  },
}).$mount('#source .target')
```

第二步：JSON 化配置页面

接下来，我们可以通过一个标准的 JSON 来渲染我们的页面。先准备一个 JSON 数据结构，如下：

```
let editData = [
  {
    "name": "demo1"
  },
  {
    "name": "demo2"
```

```
    },
    {
      "name": "demo3"
    }
  ]
```

该 JSON 结构非常简单，只是将用户本地组件目录中的 package.json 的 name 信息构建成了 JSON 数组形式。我们的目标不仅仅是根据编排的数据将组件集合，还需要对组件的显示样式和事件具备一定的控制权利。此时，我们修改一下数据，为数组的每一项增加一个 item 选项，用来控制组件的样式和事件。

```
[
  {
    "name": "demo3",
    "item": {
      "style": {
        "font-size": "30px"
      }
    }
  },
  {
    "name": "demo1",
    "item": {
      "style": {
        "padding": "50px"
      }
    }
  },
  {
    "name": "demo2",
    "item": {
      "style": {
        "transform": "rotate(-50deg)"
      }
    }
  }
]
```

该数据与源数据不同，它用来描述页面的组件的逻辑关系。为了方便后续的数据通信，我们再构建一个 store 对象。

```
// main.js
// more …
const store = new Vuex.Store({
  state: {
    initData: {
      componentsData
    },
    editData,
```

```
  })
```

我们将 editData 通过一个简单的 Vue 文件显示在页面中。

```html
<!-- json-code.vue -->
<template>
  <textarea cols="40" rows="35" v-model="dataset"></textarea>
</template>

<script>
let timer = null
export default {
  computed: {
    dataset: {
      get () {
        return JSON.stringify(this.$store.state.editData, '', ' ')
      },
      set (val) {
        this.debounce(() => {
            // 纯演示效果，未开启严格模式，不利于行为回溯
            this.$store.state.editData = JSON.parse(val)
        }, 300)
      }
    }
  },
  methods: {
    debounce (fn, delay) {
      clearTimeout(timer)
      timer = setTimeout(fn, delay)
    }
  }
}
</script>
```

再回到 main.js 中，我们在代码编辑区中进行 editData 数据渲染。

```js
// main.js
// more ...
new Vue({
  store,
  components: {
    'edit': () => import('./json-code.vue')
  },
  render: function (h) {
    return h('edit')
  },
}).$mount('#edit .target')
```

第三步：渲染 editData 至预览区
我们不仅需要将组件按照编排的规则渲染，还需要控制样式、事件相关，这意味着我

们需要在组件渲染的过程中，创建一个中间容器对象，用来控制组件的外显效果。新建一个全局容器组件，代码如下：

```
// main.js
// more ...
Vue.component('wrap', {
  props: ['name', 'item'],
  render (h) {
    return h('div', {
      staticStyle: this.item && this.item.style
    }, [
      h(this.name, {
        props: {
          item: this.item
        },
        attrs: this.$attrs,
      })
    ])
  }
})
```

通过 render 函数的形参 h，也就是 createElement 方法，快速地将传入的组件进行包裹渲染。接下来我们将 $store 中的 editData 数据进行循环渲染，这样就完成了 editData 数据的修改，具备了预览区域实时渲染的能力。

```
// main.js
// more ...
new Vue({
  store,
  render: function (h) {
    return h('div',
      this.$store.state.editData.map(element => {
        return h('wrap', {
          props: {
            name: element.name,
            item: element.item
          }
        })
      })
    )
  }
}).$mount('#preview .target')
```

最终的运行效果如图 7-5 所示。

至此，我们用了不到 200 行的代码完成了读取本地组件，再进行本地 JSON 配置关联，最终进行编排配置，生成页面预览的功能。

本案例中使用到的 Vue render 场景比较多，因此笔者提供两个可供读者学习参考的在线工具。

| 资源组件 | 页面编辑 | 页面预览 |
|---|---|---|

```
[
  {
    "name": "demo3",
    "item": {
      "style": {
        "font-size": "30px"
      }
    }
  },
  {
    "name": "demo1",
    "item": {
      "style": {
        "padding": "50px"
      }
    }
  },
  {
    "name": "demo2",
    "item": {
      "style": {
        "transform": "rotate(-50deg)"
      }
    }
  }
]
```

资源组件：组件1　组件2　组件3

页面预览：组件3　组件1　组件2

图 7-5　最终效果演示

❑ Vue2：https://vue-template-explorer.netlify.app/，代码转换效果如图 7-6 所示。

Vue Template Explorer (Vue version: 2.6.12)　☐ Server Render?　☑ Strip with?

```
1 <div id="app" v-html="html" @click="click" style="color:red"></div>
```

```
function render() {
  var _vm = this;
  var _h = _vm.$createElement;
  var _c = _vm._self._c || _h;
  return _c('div', {
    staticStyle: {
      "color": "red"
    },
    attrs: {
      "id": "app"
    },
    domProps: {
      "innerHTML": _vm._s(_vm.html)
    },
    on: {
      "click": _vm.click
    }
  })
}
```

图 7-6　Vue2 在线编译 render 函数

❑ Vue3：https://vue-next-template-explorer.netlify.app/，代码转换效果如图 7-7 所示。

Vue 3 Template Explorer @4fe4de0 | History　Options

```
1 <div id="app" v-html="html" @click="click" style="color:red"></div>
```

```
import { openBlock as _openBlock, createBlock as _createBlock } from "vue"

export function render(_ctx, _cache, $props, $setup, $data, $options) {
  return (_openBlock(), _createBlock("div", {
    id: "app",
    innerHTML: _ctx.html,
    onClick: _ctx.click,
    style: {"color":"red"}
  }, null, 8 /* PROPS */, ["innerHTML", "onClick"]))
}
```

图 7-7　Vue3 在线编译 render 函数

第四步：扩展

（1）拉取远程低代码

上述演示工程，仅仅完成了最基本的低代码架构，我们需要将远程的低代码组件拉取到本地代码中，该能力的本质是 Web 程序控制本地工程文件，我们可以通过 websocket 完成该项任务。我们在 low-code 文件夹中添加 client.js 文件，该文件引入了第三方 nodejs-websocket 库，完整代码如下：

```
var ws = require("nodejs-websocket");
function start () {
  ws.createServer(function (conn) {
    conn.on("download", async function (msg) {
      // 处理本地文件逻辑
      // ...
      conn.sendText('{ code:0,msg:"file download success !" }')
    })
    conn.on("close", function (code, reason) {
      console.log(" 关闭连接 ")
    });
    conn.on("error", function (code, reason) {
      console.log(" 异常关闭 ")
    });
  }).listen(8000) // 监听的端口号
  console.log("WebSocket 建立完毕 ")
}
module.exports = {
  start
}
```

通过修改 vue.config.js 文件，让低代码的 Web 控制台启动时，本地的 socket 服务也随之建立。

```
let clientService = require('./src/client.js')
try {
  clientService.start()
} catch (error) {
  console.error('websocket 启动失败。')
}
```

在发起操作的 Vue 文件中，我们直接与客户端的 WebSocket 建立联系即可。

```
export default {
  methods: {
    websocket () {
      let ws = new WebSocket('ws://localhost:8000')
      ws.onopen = () => {
        console.log(' 连接已打开。')
      }
      ws.onmessage = e => {
```

```
      const redata = JSON.parse(e.data || '{}');
      console.log(' 数据已接收。', redata)
    }
    ws.onclose = function () {
      // 关闭 websocket
      console.log(' 连接已关闭。')
    }
    this.ws = ws
  },
  closeWs () {
    // 组件销毁时调用, 中断 websocket 链接
    this.ws && this.ws.close()
    this.ws = null
  },
  send (data) {
    this.ws.send(JSON.stringify(data))
  }
}
}
```

（2）组件嵌套

在上述案例中，我们只是简单地将组件进行了堆积布局。如果组件之间有嵌套关系，该如何设计支持？我们修改 demo3 组件代码，让它成为一个可以包裹其他组件的容器。

```
<!-- demo3/code.vue -->
<template>
  <div>
    组件 3
    <div v-if="item && item.child">
      <!-- low-code 中全局注册的组件包裹器 -->
      <wrap v-for="(plugin, index) in item.child"
:key="index" :name="plugin.name" :item="plugin.item"></wrap>
    </div>
  </div>
</template>

<script>
export default {
  props: ["item"]
}
</script>
```

相信有读者已经知晓，我们可以通过 store 中的 item 配置选项，传递需要渲染的子组件数据。现在修改配置 JSON 数据再进行预览。

```
[
  {
    "name": "demo3",
    "item": {
```

```
      "style": {
        "font-size": "30px"
      },
      "child": [
        {
          "name": "demo2"
        },
        {
          "name": "demo1"
        }
      ]
    }
  },
  // ...
]
```

嵌套组件的效果如图 7-8 所示。

图 7-8　嵌套效果演示

　　在此基础上，我们发现网页实际上就是一棵 JSON 数据树。我们可以通过配置或拖曳的方式，完成 JSON 数据树的组装。实际上，很多低代码工具结合了 JSON Schema 的功能设计，利用其可编程特性来完成更复杂的逻辑编排。对低代码的探索远远超出了页面设计，我们可以在此基础上设计符合自己业务需求的低代码平台。低代码平台同样需要配套可靠、灵活的数据平台，通过前后端共同发力，帮助开发者快速完成业务目标。

# 7.3 智能化的活动中台

经历了长时间的 H5 活动支持工作后，活动中台团队逐渐发现，不断地在活动过程中抽象复用场景，虽然节省了大量重复的工作，但活动本身仍是一个不断重复的过程，假日、营销日、重大活动、促销日、单品推荐等，不同的营销活动在这些场景中不断重复。活动中台可以让我们以最低的成本快速完成一个活动上线，我们开始设想，是否能把被动的活动设计成主动的活动推荐？我们在浏览购物网站时，商品的推荐系统会根据不同的计算因素，为我们推荐可能感兴趣的商品，那营销活动是否也可以实现智能推荐呢？

## 智能化链路设计

智能化实际上就是从 0 到 1 的极致自动化。既然是自动化，那就需要有完整的自动化链路。渐渐地，我们开始从舆情主题、智能化内容合成、智能客服等方面探讨如何设计智能活动中台。

### 1. 舆情主题

互联网逐渐渗透到我们日常生活的方方面面，网络也成为人们表达情感、获取信息的重要方式。舆情分析的数据源几乎可以覆盖到互联网上全部的公开信息，不仅有国内的媒体及社交平台，还有国外的各家媒体和社交平台。

舆情分析得出热点事件与营销活动有何关联？事实上，活动能否迅速传播，关键在于其活动主题。通过舆情分析我们可以及时获得与活动场景最接近的营销主题，当营销活动内容紧贴当前热门话题时，用户不会特别厌恶二次传播行为，愿意花时间去了解，从而增加用户停留时间。从运营角度来说，用户在网站上停留时间的长短，反映出网站黏性的高低。网页停留的时间长，意味着渠道更加流行、更加精确，带来的流量质量也更高。比如抓取微博热搜话题，以此来设计热门话题营销活动，可以更好地进行推广。

### 2. 智能化内容

舆情可以帮助我们分析互联网的热点，但营销活动中还有一个关键因素，就是我们赋予活动的营销场景。常见的营销场景为节日，例如临近节日的时间点，系统会自动推送节日相关活动，类似电商系统推荐中的"猜你喜欢"。

如果需要实现上述功能，前提是要有足够丰富的活动样本、组件样本，只有历史营销数据优秀、效果出色的营销活动才能作为推荐资源库的模板元素。紧接着，系统可以分析推荐的活动模板页需要由哪些部分构成，并结合不同的元素，自动组装活动框架。

以中秋节举例，系统会优先在素材库中选取月饼、玉兔、月亮、诗句等相关元素，这些元素可能是图片、视频、音频元素。这些元素将作为填充品。通过活动模板中微组件的配置插槽，很轻松就能完成原始素材替换。

接下来就需要明确本次运营活动的目的，如商品促销、App 推广、积分消费等。每个营销任务都会搭配不同的营销组件，例如抽奖大转盘、安装 App 集卡、砸金蛋等，在活动页关键位置进行内容集成，最后自动为该活动生成专属的数据面板，如配套监控面板和数据可视化面板，满足线上运营的需求。甚至可以根据不同的人群标签，生成不同风格的活动页，围绕一个活动主题，智能化地做到"千人千面"，例如针对游戏标签群体推送游戏风格的活动页，使我们的活动页更加讨喜，提升活动页的转化率。

推荐方案减少了人工筛选、搭配、剔除的过程，通过智能化营销方案，可以节省大量的重复劳动力，当然这一切都建立在我们的活动素材足够丰富、任务足够可靠的前提下。相信通过中台能力的不断累积，这一天并不遥远。

### 3. 智能化客服

在传统的 ToB 产品中，线上问题反馈的来源一般是主动监测系统，通过用户行为触发问题报警日志，并采取相应的问题分析方法。或由用户通过官方渠道反馈、投诉，客户服务中心相关人员将问题转化为内部分析流程。在这两个问题发现渠道之外，还有许多我们无法监控的问题发生，如系统异常信息不正常报告、用户丧失信心、放弃反馈等，这些问题都无法进入官方渠道得以解决。

此外，客户服务人员在接收用户反馈后，要经过长时间的内部分析阶段才能确定问题，等待问题原因确定之后，相应的职业团队就会有针对性地去解决问题，解决问题的效率很低。以 vivo 互联网用户在线购物为例，难免会遇到 App 崩溃、页面卡顿、商品无货、网络超时、地址保存失败、加入购物车失败、支付失败、对活动规则理解不清等问题，这些问题对用户的产品体验有或大或小的影响，特别是在支付的关键场景中，直接决定了产品在用户群体中形成怎样的心理模式。借助社交功能的放大，这种心理模式将逐渐成为产品负面的口碑传播。

智能化客服系统将问题解决分为三大模块：舆情异常、问题预处理、问题智能化回复。

舆情异常信息可以帮助我们在非官方的渠道上主动捕捉到网络上用户的反馈信息，通过分析语句的正负情绪，快速地联系到问题。当问题确定后，智能系统会迅速与相关处理方进行沟通，建立问题处理工作流程。

问题预处理是指，当系统监测到异常情况出现时，首先会对问题进行预分析，然后迅速推给相关的问题处理方。首先需要对问题进行自动分类，然后根据分类情况调整问题处理方的权重，如果是活动规则类问题，那么产品和业务人员的处理权重最高，对活动存在疑问、误解的问题，客服人员的处理权重最高，或者是活动页面上出现无效点击、操作失败等情况，这时客服系统会将研发人员的处理权重调整到最高。让流程中的关键干系人快速着手处理问题。

在问题解决之后，官方会发表一份总结比较周全的回复内容，这些话术能合理地安抚客户的情绪。因此我们需要建立一个官方回复内容的资料库，在其他客户遇到类似情况时，其他客服人员能够直接给出建议的回复。与此同时，智能问题分析系统可以在非官方渠道对用户的反馈进行自动回复，例如用户在活动微博下反馈问题，智能系统将自动处理问题，以评论的方式答复用户，避免负面传播，影响产品口碑。

智能化客服系统能够极大地缩短问题发现和处理的流程环节，使互联网用户的反馈处理更加智能化，加快对在线异常情况的反应，及时挽留用户，避免更大的损失。

# 后　记

截至本书完成，vivo 活动中台一直在挖掘 H5 落地页的赋能场景。从活动中台的由来，到关键的业务和技术实现，读者不难发现 vivo 活动中台有别于传统的可视化搭建系统，它创新地利用了微前端的功能，将页面的组件和可视化平台在线分离。页面组件可以由各个团队的开发人员线下提交，使业务发展不再局限于平台，让活动平台真正演变成活动中台。

在实际操作中，活动中台通过构建微组件规范使每个页面组件不再仅具有简单的交互效果，并配备相应的配置插槽，帮助运营人员通过组件的配置层对页面组件进行在线快速定制。中台开发团队还不断地抽象出通用内容组件、行销组件，帮助各团队节省公共内容的开发成本。同时，为开发者们提供了高频开发场景封装，这些内置组件通常作用于微组件的配置层，例如素材选择器、组件选择器、富文本编辑器等，减少了各团队在通用配置需求方面的重复研发工作，也能建立统一的配置规范，减少用户的配置学习成本。

当产品运营人员在可视化系统上完成组件搭建页面后，活动中台接下来的工作就是对 H5 页面功能的抽象重用。中台提供了统一的外部访问域名，配置了最佳的请求策略，例如开启 HTTP2、请求压缩方案、公共缓存头、CDN 托管等，并围绕活动域名打通与微信的分享接口，以及 vivo 客户端域名白名单功能，提供了统一的用户行为分析脚本，大大减少了在线运营配置、客户端权限申请、开发通用脚本等过程中的重复工作。

既然是中台，它同样也是企业底层系统能力的支撑点，如监控能力、数据分析、分流实验、内容审核、风控系统等。活动中台针对通用的第三方系统功能，默认提供快速接入能力，尽管在中台上进行的营销活动各不相同，但它们都可以直接使用底层能力，节省了各团队线下对接不同系统的重复工作量，这是活动中台吸引业务活动的最重要因素。

在活动中台上，零代码活动设计器可协助产品运营人员快速开展营销活动，从生产、投放、数据三个环节打造一站式活动链路；再利用低代码工具，专注于研发本地环境生产力，分离低复用场景，将传统活动的编码模式转变为效率最高的低代码开发模式。

我们在 vivo 活动中台上的探索，旨在协助企业完成数字化转型，迅速满足当下互联网用户的井喷需求，线上结合线下全方位发力，真正做到敏捷创新、高效支撑。

# 推荐阅读

## 数据中台

**超级畅销书**

这是一部系统讲解数据中台建设、管理与运营的著作，旨在帮助企业将数据转化为生产力，顺利实现数字化转型。

本书由国内数据中台领域的领先企业数澜科技官方出品，几位联合创始人亲自执笔，7位作者都是资深的数据人，大部分作者来自原阿里巴巴数据中台团队。他们结合过去帮助百余家各行业头部企业建设数据中台的经验，系统总结了一套可落地的数据中台建设方法论。本书得到了包括阿里巴巴集团联合创始人在内的多位行业专家的高度评价和推荐。

## 中台战略

**超级畅销书**

这是一本全面讲解企业如何建设各类中台，并利用中台以数字营销为突破口，最终实现数字化转型和商业创新的著作。

云徙科技是国内双中台技术和数字商业云领域领先的服务提供商，在中台领域有雄厚的技术实力，也积累了丰富的行业经验，已经成功通过中台系统和数字商业云服务帮助良品铺子、珠江啤酒、富力地产、美的置业、长安福特、长安汽车等近40家国内外行业龙头企业实现了数字化转型。

## 云原生数据中台

**超级畅销书**

从云原生角度讲解数据中台的业务价值、产品形态、架构设计、技术选型、落地方法论、实施路径和行业案例。

作者曾在硅谷的Twitter等企业从事大数据平台的建设工作多年，随后又成功创办了国内领先的以云原生数据中台为核心技术和产品的企业。他们将在硅谷的大数据平台建设经验与在国内的数据中台建设经验进行深度融合，并系统阐述了云原生架构对数据中台的必要性及其相关实践，本书对国内企业的中台建设和运营具有很高的参考价值。

# 推荐阅读

## 企业级业务架构设计：方法论与实践

### 作者：付晓岩

从业务架构"知行合一"角度阐述业务架构的战略分析、架构设计、架构落地、长期管理，以及架构方法论的持续改良

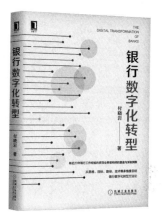

## 银行数字化转型

### 作者：付晓岩

有近20年银行工作经验的资深业务架构师的复盘与深刻洞察，从思维、目标、路径、技术多维度总结银行数字化转型方法论

## 凤凰架构：构建可靠的大型分布式系统

### 作者：周志明

超级畅销书《深入理解Java虚拟机》作者最新力作，从架构演进、架构设计思维、分布式基石、不可变基础设施、技术方法论5个维度全面探索如何构建可靠的大型分布式系统

## 架构真意：企业级应用架构设计方法论与实践

### 作者：范钢 孙玄

资深架构专家撰写，提供方法更优的企业级应用架构设计方法论详细阐述当下热门的分布式系统和大数据平台的架构方法，提供可复用的经验，可操作性极强，助你领悟架构的本质，构建高质量的企业级应用

### 《银行数字化转型：路径与策略》

本书将分别从行业研究者、行业实践者、科技赋能者和行业咨询顾问的视角探讨银行数字化转型，汇集1个银行数字化转型课题组、33家银行、5家科技公司、4大咨询公司的研究成果和实践经验，讲解银行业数字化转型的宏观趋势、行业先进案例、科技如何为银行数字化转型赋能以及银行数字化转型的策略。

### 《银行数字化营销与运营：突围、转型与增长》

从营销和运营两个维度，深度解读数字化时代银行转型与增长的方法。

在这个数字化时代，银行如何突破自身桎梏，真正完成营销和运营方面的数字化转型？在面对互联网企业这个门口的野蛮人时，银行如何结合自身优势，借助数字化方式实现逆势增长？书中涉及数十个类似的典型问题，涵盖获客、业务、营收等多个方面。为了帮助读者彻底解决这些问题，书中不仅针对这些问题进行了深度分析，寻求问题出现的根源，还结合作者多年的银行从业经验给出了破解方法。

### 《中小银行运维架构：解密与实战》

这是一部全面剖析中小银行运维架构和运维实战经验的著作。作者团队均来自金融机构或知名互联网企业，有丰富的运维实战经验，近年来持续探索中小规模银行如何推广和落地虚拟化、容器化、分布式、云计算等新兴技术，综合运用各种技术手段，打造高质量、自动化、智能化的运维体系，提升系统稳定性和运维效率。

本书是该团队的经验总结，书中把一些优秀的实践、流程、方法固化为代码、工具和平台，希望对银行、证券、基金等行业的科技团队或金融科技公司有所帮助。